国际环境工程先进技术译丛

环境伦理与可持续发展

——给环境专业人士的案例集锦

[美] 哈尔·塔贝克(Hal Taback)
拉姆·拉姆那(Ram Ramanan) 著

罗三保 李 瑶 杨 铃 译

机 械 工 业 出 版 社

本书包括两大部分。第 1 部分从人类本能、公共政策、公司治理、企业社会责任、环境伦理人才培训等方面，对环境伦理学的起源和挑战进行了精彩论述。第 2 部分收录了 51 个环境专业人员所面临的多种环境伦理困境，每个案例均以困境、讨论、建议措施等结构编排，条理清楚，深入浅出，极富启发性和参考性。

本书是大学、企业、政府部门、非政府组织和学术团体等开展环境伦理研讨和培训的理想参考资料。

译者序

1962年，美国女作家蕾切尔·卡逊（Rachel Carson）出版了全球首部关注环境保护的著作《寂静的春天》，主要反映使用DDT农药所产生的环境和人类健康问题，被广泛认为是现代环保主义的奠基之作，间接推动了美国环保署（EPA）的成立。同时，《寂静的春天》这本书颇受争议，受到包括杜邦公司在内的杀虫剂制造商和农场主的强烈反对，数家化工公司威胁对该书和出版商提起法律诉讼，有些人甚至对蕾切尔·卡逊女士进行人身攻击。1964年4月，蕾切尔·卡逊在56岁时被癌症夺去了生命。

从中可以看出，环境保护问题从来就不是一个简单的问题，总是在充满争执和非议中前行。环境伦理学就是研究分析当面临各利益相关者分歧巨大的困境时，如何才能做出符合伦理的抉择，使得对所有利益相关者获得最大的利益和产生最小的伤害。本书提出了做出伦理抉择的六大支柱性特征：诚信、责任、尊重、公正和公平、关爱、公民道德和公民权。本书与其他同类著作最大的不同，是两位作者作为环境专业人士，没有深陷有关伦理学概念和术语的纠缠中，能够结合自身实际经历，通过51个典型案例，条分缕析，探讨人们如何在面临各种困境的情况下做出符合环境伦理的抉择。

本书得以翻译完成，得到了山西省环境保护厅和山西省环境规划院多位领导和同事的悉心指导，在此表示衷心谢意。河北大学方芳为本书做了部分编辑工作，在此对她的细致工作表示感谢。

由于本书内容包罗万象，专业跨度很大，涉及环境保护、哲学宗教、经济管理等诸多方面，为本书的翻译增加了不少难度。尽管译者始终谨慎动笔，仔细求证，但难免还会存在疏漏，恳请广大读者批评指正，并提出宝贵意见。

译　者

中文版序

大约一个世纪前，科学界世界领袖阿尔伯特·爱因斯坦劝诫科学家和工程师说："当你在制图和求解方程式时，永远不要忘记……对人类自身和命运的关注必须始终是所有技术活动的主要利益所在"，这是科学界第一次提出对社会责任的呼吁。甘地——这位爱因斯坦的同时代人、超过十亿人口国家的国父——也说："地球提供的资源足以满足每个人的需要，但是却无法满足人们的贪欲"，这是人类第一次从目的或道德的第四维度预见可持续发展问题。人类无论是对于金钱还是自然资源的贪婪追求，都会带来灾难性后果。

早在2004年，作者与诺贝尔奖得主马里奥·莫利纳（发现平流层臭氧损耗的根本原因）共进午餐时，曾经讨论了他在气候变化领域的发现。诺贝尔奖得主斯凡特·阿伦尼斯曾在1896年的论文中描述二氧化碳如何影响地球温度，最近美国国家海洋和大气管理局的数据显示了地球表面温度和大气中二氧化碳含量的紧密联系。

此前，在2013年，诺贝尔奖得主、政府间气候变化专门委员会主席尼金德拉·帕乔里在一次晚宴上对作者说，在数千位科学家之间达成科学共识是一项艰巨的工程，这不是因为科学家们意见分歧，而是更多的是因为他们服务的利益集团所带来的政治压力。

气候变化的"两摄氏度经典标准（the two-degree classic）"确实考验着人们如何将代际公平和分配正义纳入道德选择的范围。分配正义是一种伦理要求，要求所有人能平等地分享作为公共物品的地球大气层。如果领导者缺乏保护环境的目标，那么强大的利益相关者就可能扭曲这一目标。所以，现在是对未来领导者进行道德决策训练的时候了！

哈尔·塔贝克

拉姆·拉姆那

2017年5月

原书前言

伦理学——第四重底线

“地球能满足人类的需要，但满足不了人类的贪婪”。极度的贪婪，不管是对于金钱还是自然资源，均会带来灾难性的后果。今天，鉴于全球性事务以前所未有的规模和速度发展，因为“表达贪婪的途径变得如此之多”和“人类已经获得巨大的力量来改变世界的本质”，全世界在许多领域面临潜在的巨变。在本书中，我们专注于可持续发展，一个与我们息息相关的领域，并在社会底线、环境底线和经济底线等三重底线的基础上扩展到第四重底线——意志。人类本来就是自私的，作为控制器的“意志”的缺席，以及由于自利等固有的偏见，很容易扭曲客观认识——只关心那些与我们相似的人，只保护全心全意为我们服务的部分生态系统，仅让小部分利益相关者获利，通过低估气候变化所引起的环境风险来误导投资者，通过“漂绿”或过分要求环境友好的产品和服务来误导消费者。

路径选择问题

组织机构是由人来运行的，个人必须对其所作所为，以及对企业和社会产生的结果和影响负责。例如，美国法律没有强制要求企业股票价格或股东财富的最大化，然而在扭曲的高管薪酬体系驱动下，目光短浅地仅仅注重短期回报。2010 年英国石油公司（BP）墨西哥湾漏油事件是一个有关投机取巧的明显例子，该事件导致区域生态系统、采油业、渔业和旅游业，以及英国石油公司股东和债券持有人的全面损失。“即使目的正确，也不能不择手段”——路径选择很重要。人们在多大程度上会实现他们的个人目标，往往取决于他们从小就形成的性格。因为欺骗的潜能存在于儿童时期直至成年，伦理价值观应该在生活中尽早地形成。因此，公司面临做出大量额外努力的挑战，以确保员工忘却根深蒂固的非伦理行为。是什么让一个人的行为表现出符合伦理（或不伦理）？每当我们遇到诱使偏离正确行动过程的情形时，我们必须意识到固有的自我保护本能并合理地解决。通过伦理学培训来对抗这种自然本能是必需的，就像运动员必须通过训练肌体来达到巅峰状态，环境（和其他）专业人士需要进行伦理学培训，以确保他们在困境下仍然能做出符合伦理的行为。

做出伦理抉择

本书中一个最基本的定义如下：伦理是一个人做事的权利与做正确的事的区别！一个人“做事的权利”通常是由法律决定的，而“做正确的事”是采取应对某种情形的行动时，使得所有利益相关者获得最大的利益和产生最小的伤害。影响伦理决策的三个品质：①识别问题和评估后果的能力；②寻求不同意见和决定什么是正确时的自信；③在问题没有明确解决方案的情况下做出决定的意志。第一个方面是辨别对与错、好与坏、恰当与不恰当的能力。第二个方面是通过实际经验和培训而建立的自信。第三个方面是做出正确和适当的承诺。伦理是一个行动概念，而不是有关思考和理性的简单东西，它包括操守和行为。当做正确的事的花费超出利益相关者预期时，伦理需要个性和勇气来克服所面临的挑战。

环境伦理训练

建立伦理文化至关重要，而有效的伦理培训对于克服我们固有的自私是非常关键的。目前，大学利用假设的困境来教授伦理学，公司员工需要签署伦理规范手册。本书最大的不同是它专注于提供动手实践培训。本书作为我们的第一步，也是非常重要的一步，一点一点地为社会提供培训工具来重建伦理道德文化。高频次的内部道德培训，辅以合适奖惩机制的有组织的伦理文化建设，将有助于发展伦理观和减少被欺骗上当的诱惑。本书作为培训环境专业从业者、渴望成为环保领导者和专业人员的学生的重要资源，建议通过参与相关现实困境的研讨会，来教育和培训专业从业人员如何做正确的事，而不是仅仅依赖自己的直觉。

本书架构

理想情况下，本书将被有开展环境伦理教育义务的大学用于教授学生，

环保组织的管理者和领导者用于培训员工。此外，环境专业组织或者个人，在有计划地、定期地保持个体对伦理困境的意识，维护专业委员会的认证时有可能会用到本书。这些参与式的研讨会，旨在帮助专业人员磨炼技能和训练学生的技巧来做出道德抉择。这些可以作为很重要的一步，应对在今天的商业世界所面临的无数诱惑。本书并不打算廓清有关伦理理论和伦理争论中使用的相关术语，而是通过环境专业人士所经历的实际难题和解决方案来检验冲突。有一些案例做出的伦理选择是很明晰的，而另一些则存在疑惑。通过查找问题，我们能够开始领会包含在解决两难问题中的有关事务。

本书第 1 部分，对于环境伦理学的起源和挑战有一个精辟的论断。第 1 章从人类本能、非伦理文化的方方面面、宗教信仰的习得行为、思维过程的哲学等开始。第 2 章涵盖了人类对待其他物种和自然世界的态度，以及在公共政策方面有关环境抉择的一些基本概念，特别是在重大环境事务抉择时。第 3 章包括公司治理，以及在新的商业氛围和社会契约的背景下，组织机构建立伦理道德文化的意义。第 4 章提供了有关视角和细节，针对如何开展环境伦理项目来教育和培养有关领导者、专业人士和学生。

此外，环境专业人员所面临的各种各样的现实困境，已被编排和收录在本书第 2 部分。通过案例分析的形式，识别和处理了困境，提供了不同的选择，检验了伦理价值观，给予读者实践做正确事时所面临的挑战。更多详细资料可以访问 CRC 出版社网站 http：//www. crcpress. com/product/isbn/9781466584204。

这本有关伦理案例集锦的书，有助于环境专业人士体会别人做出的抉择，评估他们做出这些抉择的合理性。这也磨砺了一个人的伦理意识，也就是说，它引起读者对价值观和选择的反省。

哈尔·塔贝克
加利福尼亚州，卡尔斯巴德
拉姆·拉姆那
伊利诺伊州，芝加哥

目　录

第 1 部分　环境伦理学——起源与挑战

第1部分
环境伦理学——起源与挑战

第 1 章

天生本能与后天习得行为

人天生就是自私的。人们在多大程度上会实现他们的个人目标，往往取决于他们从小就形成的性格。从一出生开始，孩子具有天生的自我保护本能和内在的自私行为。婴儿有一个本能就是哭，直到他被喂饱，通过抱起和喂食而得到抚慰。如果在短时间内没有得到抚慰，婴儿将通过啼哭来获得关注。之后上小学时，一个孩子从另一个孩子手中抢玩具时，会说："我的、我的、我的"，老师则说："分享、分享、分享"。孩子们为了避免惩罚或得到本不会提供给他们的东西，而经常撒谎。孩子们这种方式的表现程度各不相同，取决于他们从他们的家庭和社会上所学到的东西和受到的训练。

其他对后期伦理行为有影响的因素，包括青少年体育活动、零售工作和渴望取得学术成就等。青少年体育活动经常有作为观众的家长，为他们自己孩子的球队加油和口头辱骂对手，并通过这一行为使孩子知道取得胜利是非常重要的。孩子们到了高中，他或她的教练可能会给他们造成一种印象，即赢得胜利就是"一切"。社会上，某些家庭想要他们的孩子进入最好的幼儿园、最好的小学、最好的高中，直至最好的大学。

在环境领域，欺骗最常表现的形式，如通过低估气候变化所引起的环境风险来误导投资者，通过"漂绿"或过分要求环境友好的产品和服务来误导消费者。

世界性的地缘政治问题在许多领域面临着潜在的巨变，本书着眼于可持续发展——一个与我们息息相关的领域，并在社会底线、环境底线和经济底线等三重底线的基础上扩展到第四重底线——意志。人类本来就是自私的，作为控制器的"意志"的缺席，以及由于自利等固有的偏见很容易扭曲客观认识——只关心那些与我们相似的人，只保护全心全意为我们服务的部分生态系统，仅让小部分利益相关者获利。

几十年来，在潜在的可能最终导致海啸的超强风暴的驱动下，可持续发展这方面取得了十分重要的进展。在追求利益方面，艾伦·格林斯潘指出："这并不是说人类已经比过去任何几代变得更加贪婪，只不过是表达贪婪的途径增加了许多"。人与地球方面与之类似，就像蕾切尔·卡逊说的："只有在本世纪为代表的某一瞬间才有一个物种——人类——获得巨大的力量来改变其所处世界的本质"。

人们可以通过家庭、同行和宗教组织等几种途径学会如何珍惜和如何做人，假设他们属于其中的一种途径。虽然正式的伦理教育和培训的概念并不新鲜，像大学、政府机构和企业公司等，往往采用分析性和描述性的方法来教授伦理道德。大学通过假设的伦理困境教授其背景和逻辑，类似采用"在木筏上，有两个人却只有够一个人存活的食物，应该牺牲谁呢?"这样的例子。公司员工可能通过阅读道德准则手册，一年进行一次或两次培训，并签署承诺书，承诺书上写着追求成功是人的本能，而对动植物是可以不人道的。

但是，本书有所不同的是，它专注于提供动手实践的培训。本书的目的是作为训练有志于成为环境领导者或专业人士的环境从业者和学生的重要资源。教育培训专业人士和实践者，主要是通过参与式研讨会的形式，讨论现实世界相关的难题，帮助人们学习如何做正确的事，而不是仅仅依靠自己的本能。此外，环境专业人士相关的千奇百怪的现实困境已被整理加工并列入本书第 2 部分。在训练课上，他们可以抽取部分他们所经历的难题进行讨论，利用它们来解决他们所面临的环境困境，并做出恰当的回应。

是什么让一个人做出符合伦理的行为（或不符合伦理）? 一个常见的错误观念是人性本善，在日常生活中常常会做正确的事，但这在近年来已被证明是不正确的。人的大脑里是否存在东西提示我们在某些情况下做正确的事情? 难道我们天生在意别人? 答案是否定的，伦理是后天获得的，人类天生有一种本能的自我保护（有时必须得到约束）使我们天生自私，这种本能贯穿于我们整个生命周期。每当我们遇到诱使偏离正确行动过程的情形时，我们必须意识到固有的自我保护本能并合理解决。通过伦理学培训来对抗这种自然本能是必须的，就像运动员必须通过训练肌体来达到巅峰状态，环境（和其他）专业人士需要进行伦理学培训，以确保他们在困境下继续做出符合伦理的行为。

1.1　（非）伦理文化

由于诚信缺失而引发的灾难性事件激增，确实令人难以置信。正如在 1.1.2 节中讨论的，随着世界变得扁平和全球事务以空前的规模和速度在发展，非伦理行为导致的潜在严重后果已经占到较大的比例。在这里，我们退一步，从伦理的角度来看看在我们的社会发生了什么。在大卫·卡拉汉的著作《瞒骗文化》中定义了很多有关欺骗的例子，如入店行窃、盗窃音乐、股票市场权威人士鼓吹呈下降趋势的证券，剽窃和虚假引用的书籍作者，以及各大报纸编造关于引人注目的公司丑闻的编辑作家。他还讨论了敏感话题，例如大型汽车服务提供商、律师和不断讨价还价的客户等其他专业人士，会计公司造假账，警察收受贿赂，运动员使用兴奋剂来赢得胜利，以及企业高管即使在公司业绩不佳时也要获取高额收入。阅读卡拉汉的书会让人相信每个人都在作弊。

然而，瞒骗并不是最近才有的现象。卡拉汉引用威廉·鲍尔斯在1964年进行的一项研究中，四分之三的受访大学生承认作弊，包括修改成绩、贿赂老师、让家长来恐吓老师和偷试卷。根据受访者反映，在只有进入一所好大学，才能最终获得高薪工作的社会压力下，所有这些作弊是合理的。所有受访的家长和学生都认为能够进入顶级学校高于伦理道德。

这确实是一个危险的趋势。随之而来的是在当今背景下带来的潜在的毁灭性后果（如在上一节中讨论的），必须立即遏制这一趋势。鉴于这种背景的员工进入劳动力市场，企业也开始面临巨大的挑战来建立和维持伦理文化。卡拉汉认为美国政府正试图加大执法和处罚力度以铲除企业腐败。他认为这是政府的责任以确保企业的伦理实践。为了进行说明，他引用一个名叫“旋风三号”的美国政府的专项诱捕行动，在此次行动中，腐败的承包商因行贿和虚报成本而被逮捕和惩罚。此外，用于对具有环境违法犯罪行为的企业进行定罪和处罚的《美国联邦量刑指南》（如违反美国环境保护署的法规），目前要求被判违规企业必须制定伦理计划。不过，卡拉汉认为当前政府和企业的伦理计划不起作用。他认为，美国人非常专注于赚钱和花钱，而缺乏其他必要途径获得生命的意义。他建议，每年都有大量纳税人的钱和企业评估，被用于对非营利部门、专业协会或其他非政府组织（NGO）进行道德培训。

卡拉汉称，没有一个更强大的政府，经济公平是行不通的。他说，我们应该创造更多的“宜居”社区（即回归紧密连接的社区），减少有可能实行的消费税，就种族和民族的多样性营造出“共同的道德目标”的感觉。卡拉汉提供的另一个建议是学校重构荣誉守则，建议学校促进素质教育，培养诸如公平、诚实、公正等道德价值观。他说，年轻人应该学会寻找超越自己狭隘的自我利益，一种以加强学术诚信标准的至关重要的思维心态。最后，他还认为，商业和专业学校应该教习伦理道德。

哈佛商学院的教授林恩·夏普·潘恩提出以下意见：“今天的领先企业被认为不仅要创造财富，生产优质的产品和服务，也将自己定位为‘道德演员’——在道德框架内开展他们业务的负责任的代理……因此……当今社会赋予企业以道德人格”。然而，潘恩教授并没有解释企业如何完成这一道德行为。

企业因不开展伦理价值培训，当员工在公司外遭受欺骗时，如何承担责任？由于潜在的欺瞒意识从小就存在，直至被带入成年期，伦理价值本应该在早期的生活中学习。因此，企业正面临着需要更多的努力来应对这种挑战：确保其雇员忘掉一些这方面的根深蒂固的不道德行为。频繁的内部伦理培训，组织伦理文化建设辅以适当的激励/威慑体系将帮助其发展道德价值观，减少受欺骗。

卡拉汉建议政府用纳税人的钱或消费税进行干预，通过教育学生扭转这一趋势；潘恩建议企业将伦理行为加入到其责任感中。所有这些都是伟大的想法，但卡拉汉、潘恩，以及其他学术伦理学家都没有提出如何进行伦理道德教育任务的细节。本书将从卡拉汉终止的地方继续，虽然它会更狭隘地聚焦令人困扰的环保问题。本书作为培训工具，是我们的第一步也是非常重要的一步，帮助社会一点一滴地遏制腐败和重建伦理。

1.1.1　勇于揭发的女性

2003 年年初，当《时代》杂志宣布其“年度人物”时，许多人认为会是布什，因为他应对“9·11”恐怖袭击有功是显而易见的。然而相反，《时代》杂志选择了三位最杰出的检举揭发者作为年度人物。她们三位（谢隆·沃特金斯，安然公司副总裁；辛西娅·库珀，世通公司副总裁；科琳·罗利，美国联邦调查局专职律师）在前两年挺身而出，她们的影响是令人难以置信的。在《时代》杂志的序言中写道：“她们冒着巨大的职业和个人风险揭穿了安然、世通和 FBI 所犯下的错误——这样做有助于提醒我们，什么是美国人的勇气和美国的价值观”。

这三位有着非凡勇气和意识的女性所做的事情，对世界的影响与其他政府高官之前的所作所为一样深远。沃特金斯警告安然公司的 CEO 肯·雷，库珀揭发了世通董事会的不当会计行为，罗利提醒 FBI 局长罗伯特·米勒有关明尼阿波利斯地区办事处如何请求调查总部忽略的“9·11”同谋穆萨维。这些妇女基于勇气和坚定不移的信念做了正确的事情，同时把自己的职业前途处于危险之中。她们的工作、健康、隐私和理智——她们冒着所有这些危险，给我们带来了迫切需要诚实地面对有关重要机构内部所遇到的麻烦的讨论。虽然环境专业人员可能永远不会面临这样大数额的财政困境，关键是人们相信我们和健全的职业体系，因为我们是在处理人类健康和环境。根据这些揭发者的例子，环境伦理的专业人士必须充当故障安全机制的角色，而不是含糊其词地保护公众健康。

这些妇女是谁？她们从哪里找到勇气？谁是她们不得不考虑的、在她们的生活中的利益相关者？我们作为普通的家属和家庭的中产阶级个体，是否曾经发现自己愿意走极端去做正确的事？因为她们是女性，有些人可能会快速地得出结论，女性在她们的组织拥有较少的利益，因此可能更愿意暴露组织自身的弱点。然而，对于每个人，作为主要的经济支柱，决定与上级对质意味着会危及他们的家庭真正的依赖——薪水。

《时代》杂志的文章说，研究表明，女性其实有点不太可能比得上男性揭发者。爆料者拥有一段不容易的时光。这些女性在美国发起的整顿职业生活将有一个持久的影响。很可能没有人能阻止“9·11”袭击或根除安然公司和世通公司类似的惨败，但正是那些与沃特金斯和库珀等做着相似工作的人，能够使这样的事件曝光。一项新的法律，要求 CEO 和 CFO 为他们公司规章制度的准确性负责，是该国的企业监管革命最重要的一步。《时代》杂志的文章提醒我们，沃特金斯、罗利和库珀都是普通人，她们没有等待上级部门需要做什么才去做。易卜生的戏剧《人民公敌》中有一个角色，用不受欢迎的真话让我们想起倍受尊敬的三重唱：“一个社会就像一艘船”，他指出，“每个人都应该做好准备做掌舵人。”当时机来到，这些妇女接过帅印。《时代》杂志还引用马丁·路德·金的名言：“我们的生命，开始于结束对我们关心的事保持沉默的那一天”。这三位女性作为模范和榜样，面对会给自己和家人带来不良后果时，都展现出巨大的勇气来做正确的事。组织是由人来运行的，这个人是对企业和社会的伦理成果负责和有影响的个体。伦理文化建设是至关重要的，而有效的伦理培训，对于克服与生俱来的自私极其重要。

1.1.2 短期聚焦——荒废的利益相关者价值

企业角色从一个仅仅是完成社会契约转变成承担社会责任，并且越来越认识到，股东仅仅是众多利益相关者中的一个。安然公司倒闭时股价不断上涨是咒语，一些学者开始质疑股东至上，发现美国企业法律没有强制要求最大化股价或股东财富。在不平衡的高管薪酬制度的驱动下，目光短浅地注重短期回报，采取相互勾结的做法进行分赃。也许，短期聚焦由投机者推出的衍生品而加剧，而非投资者建立的长期价值观上。下面三个例子涉及不道德行为范畴，从英国石油公司通过偷工减料所需的维护费用达到下个季度的回报，安然公司的高管创建复杂的虚假性和欺骗性的会计凭证误导股东和贷款人，麦道夫采用庞氏骗局方式向不知情的投机者进行彻头彻尾的欺骗。英国石油公司漏油事件属于环境和安全领域；安然公司和麦道夫的惨败则属于其他领域。

2010 年，英国石油公司墨西哥湾漏油事件是一个明显的各方面均有巨大损失的例子：区域生态系统、石油、捕鱼和旅游业都是大输家，但最大的输家是英国石油公司的股东和债券持有人。斯托特认为导致漏油事件为“世界上最愚蠢的想法”。政府当局调查组查明事件的根本原因是长期的安全失误，这可以追溯到环境伦理文化的系统性缺乏。英国石油公司和承包商削减了短期支出，从而忽略了基本的安全程序。然而，英国石油公司（BP）首席执行官唐熙华

(Tony Hayward) 在他任期内发生漏油事件，曾试图归咎于承包商，但由于众怒他丢了工作。2012 年英国石油公司被美国联邦大陪审团以过失杀人罪起诉，被判处罚款 40 亿美元，两名高管遭受过失杀人罪的指控。此外，英国石油公司为了因墨西哥湾石油泄漏事件中处心积虑欺骗投资者而将支付约十亿美元。美国政府已经暂时终止了英国石油公司向美国国防部供应燃料的合同。美国环保署表示，实施这一禁令，因为该公司在 2010 年"深水地平线"灾难中的应对行为表明"缺乏商业信誉"。这一事件凸显出几个与环境专业人士相关的因素，以及非伦理文化的成本。领导层和管理者沉溺于促进削减安全和环境维护费用相关的短期成本。首席执行官甚至沉溺于欺骗监管当局和把职责推给承包商。英国石油公司几乎打破了所有形成伦理的基础六个本质属性中的每一个（1.2.3 节中描述），是的，他们在罚款和安置上付出了沉重的代价、付出了清理成本、损失了声誉、损失了市场资本、人员也遭到起诉。此外，无形资产如员工士气及投资者和出借方的不信任是另外一些因素。

甘地说："地球能满足人类的需要，但满足不了人类的贪婪。"极端贪婪，不管是对于金钱还是大自然的资源，都有灾难性的后果。安然公司的失败是贪婪而在很短时间内摧毁一个大公司的典型例子。西姆斯认为安然公司因早在 2001 年的丑闻而消亡，应该归咎于不负责任和非伦理的领导，是非伦理的领导阶层引发的雪崩。公司领导以创造短期股东财富为面纱，营造出最适合公司的才是最为首要标准的错觉，而管理层正运营着一个对自己毫无无风险的公司。除非造成重大事件，作为伦理道德的文化，不会被提起，且会被视为可有可无的！官商勾结合伙犯罪变得猖獗。有些员工乐意接受股票和奖金来支持非伦理的交易。高管使用可疑交易美化资产负债表误导公众。投机性的投资者追求高风险、高回报且呈上涨趋势的安然公司股票。银行和经纪公司通过投资于高风险的安然公司用来隐藏债务合作伙伴，来赚取手续费和丰厚的利润。然后，担任安然公司顾问的审计师亚瑟·安德森，单独取得了超过 5000 万美元。最后，安然公司的律师文森·艾尔斯忽略谢隆·沃特金斯有关不当的警告，创造性地编撰了特殊目的的合作伙伴关系。道德标准与利益的冲突在公司里被延迟了，一方面是高管通过私人伙伴关系摆平，另一方面在被发现之前相关文件已被销毁。当事情变得不可收拾时，每个当政者力求最大限度地降低在道德方面的个人责任——他们相互指责或者假装对违法行为不知情。其结果是，寻求长期价值的真正投资者，以及长期员工，看到他们的投资和毕生积蓄无形蒸发。任何领域的不道德行为都会带给人教训。在安然公司的资产蒸发案例中，与控告烟草公司通过掩盖吸烟带来的健康风险并将产品推销给儿童的做法，并没有太大的不同。烟草行业隐瞒尼古丁可使人成瘾和人体健康的危害，是环境、健康和安全领域实行欺骗最有名的例子。

最后，伯纳德·麦道夫数十亿美元的庞氏骗局在2008年被揭露，他成功的前提是，投资者接受高得离谱和见效快的回报而没有质疑他所用的方法。他的判刑（150年监禁）不是因为被揭发，而是被嫉妒的投资者因没有得到类似的异常高收益的投诉。承诺提供给麦道夫庞氏骗局的早期投资者的投资回报率，数倍于的股市回报。这使我们相信这些都是受诱惑的投机者而非严谨的投资者，都想在很短的时期内获得非常高的收益。这不涉及道德困境而是纯粹的犯罪行为。这与公司非法倾销或出口企业的危险废物，然后被起诉有相似之处。上述讨论将作为非伦理行为潜在后果的背景经验教训，以及提出通过所学到的这些经历可在实际中应用，解决环境专业人士可能会遇到的难题。领导力、文化、培训是三大要点要素。

1.2 伦理决策——六大支柱性特征

伦理抉择是从几种备选方案中考虑和选出一种方案，以确保该行动是完全符合伦理要求的过程。有许多可能的伦理因素需要考虑，但不是所有因素同等重要。做出伦理抉择可能会很复杂，因为很多情况下，有程度不同的赢家和输家卷入其中。抉择经常要考虑与伦理价值冲突的经济、专业和社会问题，甚至隐藏或混淆其中的问题。本书旨在帮助环境专业人士认知抉择的伦理问题，识别抉择过程中所包含的道德价值观和原则，并得出经得起别人监督的抉择，满足个人正确做事的愿望。

1.2.1 伦理学定义

为了阐明伦理道德问题，并制定切实可行的办法来处理这些问题，很重要的是，用可以理解的词汇揭示在解决道德问题过程中使用的基本术语之间的区别和联系。道德的区别是一个人有权做什么和应该做什么！一个人“有权做什么”通常是由法律决定的。“应该做什么”是采取行动以应对这种情况会导致最大的利益和不伤害所有的利益相关者。潘恩描绘了通过法律和道德的途径来进行优雅决策的差异。法律是通过设置一组必须满足的限制条件，达到预防非法行为的目的，道德提供了一套原则来指导做出负责任的行动选择。在本书中我们的定义是一致的。第一个方面是辨别对与错、好与坏、恰当与不当的能力。第二个方面是通过实际经验和培训而建立的自信。第三个方面是做正确的和适当的承诺。伦理是一个行动概念，而不是有关思考和理性的简单东西。它包括操守和行为。当做正确事情的花费超出利益相关者预想支付时，伦理需要个性和勇气来应对挑战。

1.2.1.1　道德

历史上，伦理和道德这两个词语之间从未有过显著差异。通常，伦理与道德被认为是同义词。今天，道德是一个更常用来形容习俗和传统的对与错的词语，往往与情色、吸毒、赌博和宗教等个人价值观相关。道德可以随着时代和技术而改变。安乐死和谋杀均涉及一个人的死亡是由于他人造成的，不同于“谋杀”是绝对的伦理价值观，而“安乐死”在最近十年舆论导向已转变。1990 年，美国最高法院批准使用非主动安乐死。同年，密歇根州的医生杰克苏珊博士，因教育和帮助人们实施医生辅助的自杀而名誉扫地，这导致了 1992 年密歇根州法律禁止这种做法。从那时起，医生协助的自杀在荷兰和比利时（均为 1993 年），美国的俄勒冈州和华盛顿州（分别在 1994 年和 2008 年）等已经合法化。2008 年，作家雨果·克劳斯，因患有老年痴呆症，要求安乐死，由医生协助完成死亡。

在本书中，伦理和道德之间的区别是，道德行为是绝对的，伦理行为随着时代和社会的不同可能会有所不同。道德义务是伦理行为的最低标准。如果不能正确地执行道德责任意味着该行为是错误的、非伦理的或不当的。道德义务有正反两方面的维度，这意味着道德义务要求我们做某些确定的事情（比如诚实、公正和负责），以及不能做可能会伤害到别人的其他事情。美德超越了道德义务，美德不是强制性的，但备受推崇。某些行为特征如慷慨或勇敢，值得特别称赞和钦佩。

1.2.1.2　伦理与伦理中立观

这里需要讨论的另一个相关术语是价值观。伦理和价值观不可以互换。伦理是一个有道德的人应该如何表现，但价值观是内心判断，决定一个人的实际行为。价值观的概念，包括一系列激励行为的信念和欲望。价值观属于做有关伦理行为是对还是错的信仰。伦理价值观受道德责任感驱动。但大多数价值观与伦理无关。非伦理价值观根据欲望或个人喜好来处理。为家人提供舒适生活和保持身体健康是价值观，但既不属于道德的也不属于不道德的；它们是中立的。关于金钱、名誉、地位、幸福、满足、快乐和个人自由的价值观，看起来像是非伦理价值观，但并不是不道德的。从本质上讲，它们是中立的。只要不牺牲道德价值去追求这些非伦理目标是很正常和适当的。

价值观是激励和引导我们态度和行为的信念或欲望。它是我们非常珍视或渴望的东西。大多数人的信仰系统都是基于宗教、文化、家庭环境、法律、个人经历和职业。提升一些基于它们对利益相关者的影响超越其他的行为，在某种程度上它们提供了为我们想要的东西进行排序的基础，因此一个人的价值观决定他或她在某些情况下将如何行动。当转化为原则，这些信仰可以指导和激励，成为行为准则。伦理原则来源于伦理价值观的行为准则。价值观常常引出许多以行为准则为形式的原则。例如，诚实的价值观导致这些原则：说实话、坦诚、不欺骗或虚伪。价值观可以扩展到着装或伴侣的选择。价值观是珍贵的品质，价值体系是指珍贵的秩序。因为人们基于他们的好恶进行等级排序，这决定了他们在一定环境下的表现，价值观可能会冲突。想要富有，或者是善待和体贴别人，可能会与诚实的原则发生冲突。排序一直高于其他的价值观被称为核心价值观，它定义了我们是谁。这些都是基本的行为准则。

1.2.2 伦理决策

在本书中使用的伦理概念主要基于迈克尔·约瑟夫森的《伦理决策》。约瑟夫森发展了“是”与“应该”伦理学的概念。他说许多有关伦理学的讨论因语义方面的争论而陷入困境，特别当涉及相对的、情境的或个性的伦理的时候。这些争论往往揭示做正确的事时的根本性误解，混淆某些拥有某些文化的人实际上做了什么（即“是”）与更重要的是人们应该怎么做（即“应该”）的区别。“是”或描述性的伦理，一点也不是真正的伦理。与道德义务不同，“是”伦理意在仅仅描述行为标准——个人或集团是怎样实际运作的——没有判断对与错。以这种方式使用伦理通常与伦理相对主义相关联，这有利于考虑无偏见的代表，不产生伦理评价行为。

“应该”伦理学是规范伦理，涉及启发和承诺建立适用于每个人的行为规范。持这种观点的伦理学，描述了一个人在已定义了什么是正确和恰当的特定价值观和原则的基础上，应该怎样表现。这些原则可能没有导致单一的道德反应，但这种结构化的方法，提供了一种认识和解决各种道德要求的手段。我们提出的决策模式是基于相关分析，认为道德不是事物是什么样子，而是事物应该是什么样子。

约瑟夫森认为，美国文化是建立在10个道德价值观的坚实基础上：诚实、正直、尊重、关怀、公平、守信用、追求卓越、公民的义务、责任和忠诚度。我们相信，这10个核心道德价值观构成了道德判断的哲学基础，定义了隐含在伦理行为中的道德义务和美德。随着时间的推移，这些美德演变成6大支柱性特征。道德层面的每一个抉择，均可以根据其是否遵守6个支柱性特征来进行评估。根据约瑟夫森的道德决策路径和推理原则，我们识别出6大超越了文化和社会经济差异的核心道德价值观，这6大支柱性特征等核心道德价值观将在下一节讨论，在道德决策过程中处于关键地位。

除核心价值观之外，“对”与“错”的概念，往往源于他们的宗教信仰、文化根源和政治哲学。例如，有人认为饮酒和赌博是“错”的，但也有人认为借钱是“错”的，还有一些人将道德责任归结于饮食习惯以及文化传统和宗教仪式的不同。此类道德价值观在伦理决策过程中随着时间、文化和宗教的不同而不同，即使是处于同一文化或宗教传统的人也有较大差别。从历史上看，它们是引发分歧的根源。某人具有强烈的宗教、文化和政治信仰，并怀着特别虔诚的信念来对待这些信仰，这种做法是“对”的，但不应将这类道德观念强加于他人。可以看出，坚守尊重他人、崇尚宽容、捍卫个人尊严和自主权等核心伦理价值观非常重要。

此外，尊重所有人是非常重要的。可以确信，核心伦理价值中的诚实和正直优于欺诈、虚伪和腐败，公正在道德上优于不公正，仁慈和怜悯在伦理上优于残忍和冷漠。尊重他人最基本的原则是包容，因此，在这种情况下，声称任何特定的宗教、性取向或政治哲学在本质上是优越的，将是不适当的。

伦理的终极考验，在于一个人是否愿意做不符合个人利益的事情。当伦理行为受自身利益驱动时，做出伦理决策可简化为风险–回报的简单案例。如果伦理行为的风险高而回报低，或风险低而回报高，那么核心伦理价值观可能因受利益诱惑而变味。咨询顾问为取悦客户把生意做好而可能偏离事实真相。

符合伦理的方法并不总是决定符合道德的行动，但这是多种竞争选择方案进行评估和抉择的手段。对某人看起来似乎是伦理的，可能换个人不一定适合，尤其所有利益相关者中那些不直接受到伦理抉择影响的人。“除了意识到伦理的重要性，做出伦理决策需要保持对抉择后果的敏感性，具有准确评估复杂、模糊和不完全事实的能力，以及有效实现既定目标的技能。追求幸福是人的基本权利，但它本身并不是道德追求。在道德上成熟的人，通常认为追求幸福比金钱、地位、性别和精神药物等伟大。更深层的满意在于尊崇伦理价值观，那就是，影响世界各地人们行为的价值观”。然而，通过遵守伦理行为，可以获得自我尊重、同行钦佩和亲人爱戴。

1.2.2.1　为什么不自利的行为是伦理的

正如随后讨论的，人必须通过后天学习来克服自利思想，通过正确做事来过上符合伦理的生活。符合伦理的生活需要接受伦理的需求。由于人类天生有种自我保护的本能或干脆称之为自私，做正确的事不是人类天生的本能，它必须被后天开发。让我们来看看哪些因素可以解释为什么人们要讲究伦理。

1）家庭义务：爱他人，有时甚至不是那些直系亲属，照顾他们的最大利益，是一个可以使个体牺牲其财富和快乐的因素。爱和关心他人的因素能成为本能。它可以发展成为无私的意愿看到其他人员不上当受骗。

2）需要别人的爱：当人们开始从小长大，发展人际关系，正是亲近家人、朋友和同事等因素成为激励表现伦理道德的行为。例如，当你的孩子从渴望得到你的爱开始，学会了善待他人，而不是谎言、欺骗，或偷盗。做这些事情，使他们对做即使没有直接好处的正确事情的重要性敏感。

3）尊严：道德行为可以引起自豪感，使得对确保他人不被不道德的人所利用的情况，其反应更加客观。因此，当面临一个机会自己可以趁火打劫，需要质疑此次行动将变成一种本能。

4）同行的尊重和敬畏：自豪感——一个本能的反应可以激发一个人去为另一个人做些什么，即使在事件中，第一个人没有收到任何好处。例如，为某个因种族、肤色和宗教等而受歧视的同事挺身而出，可以让那个人获得整个社区的尊重。

5）上司和监管当局的重视和尊重：当咨询顾问勇敢地面对违反法规的客户，并纠正相关情况（报告或补救），即使客户拒绝行动，这可以给顾问以信心，尤其是当这种情况以公平的方式来解决。在这种情况下经历更成功的结果越多，顾问变得越有信心。顾问得到鼓励和收获信心，在接下来的情形下表现得更加道德。当专业人士表现出符合伦理时，人们开始回应或与他们互动出相同水平的信任。

6）宗教培训：尽管没有必要将宗教信仰作为道德观念，也并不是所有的宗教人是道德的，如果遵循宗教教义，在大多数宗教教义中有一个价值观，是鼓励道德行为的。“己所不欲，勿施于人”，如果已感悟到，可以成为道德行为的强大动力。同样的结果可以起因于通过哲学思想、无神论者或不可知论者的探索而获得的“良心”。

7）别人的印象：人们都渴望给别人留下好印象，尽管并不总是被证明很有必要。当我们表现得很具有道德修养，对他人形成一个可以产生温暖感觉的印象。日常生活很少面临严重的道德困境，但是如下举动，如当不小心剐蹭到别人停好的车时，且无警察追缉，在别人车上留一张纸条，将会给别人很好的印象，有利于提高自我形象，并激励我们在所有时间做正确的事情。

8）其他人对不道德行为的媒体报道的敏感度：在政府、企业和行业中，人们吸取别人那些饱受抨击的行动的教训。当读到有人犯了已被定罪为欺诈的严重罪行时，很少有人想效仿这些行为。与此相反，将变得对不采用这样的行为方式非常敏感，即使认为它不会被查出。

9）蟒蛇效应：在本书的后面（见第 4 章），以蟒蛇为例描述了小失误如何酿成一个致命的结果，可看到因小罪未受惩罚会导致对社会更严重的犯罪。在他人身上看到这一点，采取适当的反应，也可以对自身产生有益影响。人们确实不想从一个小贼成为一个武装强盗这样的人。

10）恐惧：害怕被抓住的感觉对欺骗或不道德的行为有一个显著的抑制作用。这并不是说，这就是愿意相信会导致伦理生活的激励因素。但实际上，内化这一预期，这种威慑可以对人的行为产生有利影响。

1.2.2.2 如何识别某种情况下已包含了伦理困境

但是人们怎么学会识别需要做出道德抉择的情形？识别道德困境很少是容

易的。首先，识别出来需要确定是非的情况是必要的，然后要有勇气做正确的事，即使它可能有时伤害你或另一个人。这个行为并不总是出于本能，当面对一个道德难题时并不总是能采取正确的行动计划。通过评估不同行动方案的差异，从中做出决定可能是很有必要的。当面临伦理困境时，有必要认识到这是一个难题，考虑到基本元素和替代方案，如果可能的话，找一个机会和一个可信赖的朋友或同事，在行动之前进行讨论。

建议环境专业人士定期举行会议，讨论如何警惕在自己的领域潜在的伦理问题，以及如何解决出现的困境。一旦认识到在该领域的道德困境，就强烈推荐在采取任何行动之前与一个或几个上司或同事进行审查和讨论过的方案。当涉及多个利益相关者时，最有可能出现的事情是一个利益相关者可能使另一利益相关者感到不舒服。解决道德困境可能是采取一个妥协方案以最小化其冲击，使其没有严重影响另一个利益相关者的权利或健康。解决这些难题的技术从来不是凭直觉而是需要训练，它可以通过在定期研讨会呈现的环境专业人员所面临的假想困境中所学到。许多这样的困境将在本书第 2 部分进行介绍。

1.2.3　六大支柱性特征

在迈克尔·约瑟夫森《伦理决策》一书中，将价值观定义为六大支柱性特征：诚信、责任、尊重、正义和公平、关爱、公民道德和公民权，道德义务和美德均来源于这些最根本的伦理价值观。

道德义务和美德六大支柱性的特征如下：

1）诚信（包括诚实、正直、忠诚、守信用）。

2）尊重（包括礼貌、守时和自决权）。

3）责任（包括追求卓越、竞争力、正直、自我约束）。

4）正义和公平（包括开放的胸襟和敢于承认错误）。

5）关爱（包括善良、慷慨、同情和避免伤害他人）。

6）公民道德和公民权（包括社会行动、公共服务并反对不公）。

这些核心价值观是帮助人们在解决伦理冲突时，获得“正确的行为方式”。下面我们将在环境伦理学的语境中讨论它们，与环境专业内在相关。

1.2.3.1　诚信

诚信是可靠的素质，包括诚实、正直、忠诚和守信用。这是所有这些特征中最艰难的考验。当一个值得信赖的环境专业人士做出一份声明——报告、数据手册、信函、口头报告或对话——各听众对其准确性和完整性应该是值得依靠的。任何资质要求或疑虑应予以明确规定，以提供一个完整的评估。

诚实包括讲出全部真相；正直需要道德勇气。知道什么是对的是一回事，但做正确的事情完全是另一回事。诚实很清楚是诚信最重要的元素。我们通常认为诚实是说真话、不偷、不骗，不失实陈述或不篡改事实。这也意味着讲出全部真相，澄清事实与观点之间的差异，并揭露出结果或结论中的任何疑虑。例如，当环境公司争夺一个项目时，归功于上一个项目，即使上一个项目的项目经理和关键人员不再雇佣。这种说法是不诚实的，除非它也指出上一个项目的关键人员是不可用的，但该公司余下的人员和体系允许公司保持这种能力。在咨询行业，“挂羊头卖狗肉”现象频频出现，在项目建议书中写的是专家级人物，但在项目实施阶段用不合格人员来替代。

除了讲真话，而不是使用事实来误导，环境专业人士必须是坦诚的。这意味着他或她必须自愿公开公司需要的所有信息。例如，一个客户基于专业人员的设计研究，订购了一套污染控制系统。随后，环境专业人士通过计算发现了一个错误，将会显著地降低成本。对环境专业人士来说诚实的做法是，将这一情况告诉他或她的上司，即使它可能永远不会被发现。其结果与专业人士通过完完全全的撒谎为不正确的昂贵的控制设备辩护没有什么不同。其动机可能来自希望可以帮朋友出售特定的污染控制设备。正如彻头彻尾的谎言，隐瞒真相有潜在的危害。

正直意味着知道和做正确的事是不同的。正直意味着拥有个人价值观和道德勇气去做正确的事。虽然诚实是诚信最重要的属性，但正直是最困难的。举个例子，一个环保公司维护一个政策，以确保其客户报告任何可供报告的环境条件（如大量泄漏），采取非常正直的行为，在他们能接受的任何合同的条款和条件中声明这一政策。公司明确表示，如果客户没有报告它将承担责任进行报告。一些潜在客户可能不愿意接受这些条款，如果说公司致力于确保报告违规行为，但它必须有正直感在一开始就声明这一原则。许多环保公司可能会犹豫是否将这样的声明包括在他们的标准合同条款中。

忠诚，要求环境专业人士，在他或她的道德原则范围内做任何事情来保障公众健康，促进和保护公司和客户的利益。这就意味着，一个人尽最大可能地保护公司的技术、计划和战略的秘密，但同时也不损害公众健康。

例如，一期资产评估必须表现出一个详尽的背景文书审查工作和现场检查。表明严重污染的可能性的任何信息必须加以说明和解释，并明确给出采取进一步行动的建议。该声明应包括了解到的信息、可能的解释、未知情形和对采取进一步行动的推荐建议。采取进一步行动的建议至关重要，应反映如下观点：“如果上线交易的这个钱是我的，我必须覆盖采取推荐行动所花费的成本，这就是我要做的事情。”在客户费用的支持下，建议作进一步调查工作时，常常作出的推荐是为了取悦客户（由渴望获取更多的合同所驱动）或者是因站在保守主义这边而犯错（以弥补自己的不安全感）。

约瑟夫森认为忠诚优先。在道德框架之内，忠诚于自己的家庭可能优先于忠诚于自己的雇主。例如，拒绝一项旷日持久远离家人的任务，反映了对忠诚于家庭的优先权，但不违反你对于雇主的忠诚。然而，接受一份来自想从你前雇主专利技术知识中获益的竞争对手的薪水更高的工作，是有违伦理道德的，即使你合理化解释为增加的工资符合你的家人的最佳利益。

作为环境专业人士，你的道德勇气受到真正考验的时候，是当你必须采取行动以保护公众健康时，但这一定会对你的工作有影响，有可能让你被解雇。在这种情况下，你的家庭利益可能因做伦理正确的事受到严重影响。本书的合著者正是面临这种困境，当他处理具有较高意愿的移民事件时。在美国的第一份工作是在 AECOM（前身为环境研究与技术所（ERT）），第一个任务是要求客户对中介机构有关独立顾问的报告不是完全真实的事做出回应。一个愤怒的客户可能因此而丢掉了他的工作，让他无业，而且肯定会危及他家人在移入国家未来的生活。然而，他做出了符合伦理道德的选择，向他的上级报告了有关情况。

守信用可能看起来像一个很明显的优点，但是它包含了合同承诺、履行意图以及承诺措辞。用极端的解释或漏洞操纵协议的目的——信守承诺是完全不恰当的。道德环境专业人士必须慎重考虑合同承诺，在工作刚开始的时候，就提出有关对执行和约定工作范围的任何疑问或关切。环保专业公司经常对客户表现出极大的自信，即使实际上存在严重问题。其他环保公司有意出较低价格中标，目的是想通过后来变更合同收回成本和获取利润。

1.2.3.2　尊重

尊重包括礼貌、守时和自决的权利。这意味着以尊重其尊严的方式来对待他人，如上司、下属、客户、监管机构和承包商。它包括允许那些你处理的事情尽最大的能力来执行。当一个主管想要任务以特定方式来执行，下级必须尊重他或她指挥的权力，只要不违反下属的道德价值观。在另一方面，主管应允许下属在执行任务的时候行使专业判断和自由裁量权。

环境专业人士在执行任务时，往往会与从未经历过环境事务处理的不知情的其他专业人员一起。这个人可能是同一公司的客户或部门经理，对有关请求援助可能表达强烈意见。在制定行动并执行该计划的时候，两方专业人士相互尊重对方的意见是非常重要的。例如，环境专业人士对排放物取样特别专业，但客户代表对于为获得测试的最大值，需要加以控制和记录的过程参数，具有更好的理解。在另一个例子中，主管在编写一份报告或技术文件的时候可以从下属得到援助，虽然主管是主要作者，但是得到下属或同行的认可也是非常重要的。

1.2.3.3　责任

责任是由诚信、问责、追求卓越和自我约束组成。道德环境专业人士为自己和他人的行动负责，更重要的是会有一点自我牺牲。诚信和问责制不仅需要环境专业人士本人做正确的事，而且当别人从事不道德的行为时要采取纠正措施。逃避因犯错误受到的指责或侵占别人工作的功劳是常见的逃避追责的做法，做正确的事情需要道德勇气。

主管有时会听不进去下属环境专业人士提出的想法。同样，当主管没能采取适当的质量控制措施的时候，主管可能会忽略因下属粗心大意而导致的存在于报告中的错误。环境专业人士的成长，以及他或她的道德行为，取决于他或她承担责任的意愿。在第 5 章我们提供了一个案例研究（见 5.12 节），因为别人的不道德做法而必须采取行动。

在环境领域，合规成本是不受重视的，如税收，专业人士往往迫于压力在最低价格下来执行任务。因为预算紧张和环境经理试图走捷径，所以符合最低资格要求的二流企业有时会被雇佣。当环境专业（EP）承包公司不道德同意执行一项质量不合格的任务时，接受客户的出价是不负责任的，尤其是明知该公司不能胜任但很可能会满足机构的要求。在报表中，客户必须对监管机构和社会全面负责。

追求卓越是在科技迅速发展和法规不断变化的环境领域的道德需要。伦理环境专业人士必须意识到，他们不可能精通该领域的各个方面，而且并不总是能够与各个领域保持步调一致。在其专业领域之外依然会有相关任务，环境专业人士应该承认这一事实，并带来在那一领域的专家服务。环境专业人士抱着“从来没有遇到过他或她解决不了的问题”的态度可能会导致麻烦。自制意味着有时承认他没有提出解决方案或不能胜任这项工作也是挺好的。约瑟夫森指出，“道德的人不会采取为了获胜而不惜一切代价的态度，因为如果你不愿意输，你可能愿意不惜一切代价来取胜，哪怕是不道德的。”即使有一个看似道德的理由也不能为不道德的做法辩护。伐木工人将钢钉钉入居住着受保护的濒危物种斑点猫头鹰的树木，企图收割这些树木并导致其死亡，这是完全不道德的行为。一个不道德的做法从来没有证明另一个正当。举例来说，作为一名医生，我可能是道德上反对堕胎或安乐死，但向我的病人否认这些规程，或强加我的看法给同行是极不负责任的，尤其是如果有疑问的做法在医疗职业领域已被采纳为一个可以接受的做法。

1.2.3.4　正义和公平

正义和公平的基本原则是鼓励客观和公正。然而，判断什么是公平是很困难的。举例来说，如果一个环境联盟提倡关闭雇用了城镇很大部分劳动力的工厂，因为它靠近学校、医院和住宅，很容易觉察到可能刺激了受雇于工厂与受雇于环境联盟的环境专业人士的固有偏见。

正义和公平的基本原则，是要求有道德的公司自愿做任何事情来保护公众健康。但是，假设该工厂存在于邻近影响区内建成的住宅和学校之前，也在任何人意识到从工厂释放污染是有毒的之前。该公司声称，如果安装以保护公众健康所需的控制污染水平的设备，工厂的产品将在市场上不具竞争力。工厂管理层不希望被迁离，即使该公司有能力搬迁。应该搬迁整个镇？怎样行动是公平的？是否有可能为两个团体进行客观的分析，并达成一个公平的解决办法？在理想情况下会有。例如，由工厂提供资金来重建学校，它将更符合成本效益。

1.2.3.5 关爱

关爱需要通过深入考虑尽量减少决定的负面影响。环境专业人士必须仔细辨认所有利益相关者因抉择所受的影响，考虑好替代方案，并选择一个用最少的破坏性影响达到目标的方案。

例如，环境专业人士，在审核过程中发现可供报告的违反了水排放法规的行为。客户指导专业人士避免在审计报告中提及该问题，因为他随后会纠正。从法律上讲，报告违规情况是客户公司的职责。从道德上讲，环境专业人士感觉此事必须上报。但是，如果环境专业人士积极主动上报，其同时为环境专业人士和客户的公司产生广泛影响。更贴心的解决办法是说服客户或他的公司主管所面临的形势和应对之策。只有让客户公司报告违规行为的一切办法都失败了，环境专业人士采考虑通知监管机构。

1.2.3.6 公民道德和公民权

公民道德和公民权使有道德的环境专业人士有责任对超出自身利益的社区负责。公民道德强调社会贡献，如竞选公职，为候选人或相关事务工作，接受任命担任公职，以及对社会事业给予时间和金钱。环境专业人士是负责任的公民，将利用他或她在社区规划和环保宣传委员会的专业知识。

环保团体往往出发点是好的，但他们缺乏知识或受宣传的误导。通过基层参与的努力，环境专业人士可以帮助教育和引导这些群体。例如，本书合著者，经历了无数次这样的情形，监管机构、环保人士和行业倡导者通过创造性和创新性的解决方案，能够节约大量的社会资源。举例来说，在领导代表业界的超级基金法响应组织的超级基金治理项目现场，本书合著者倡导并实施了自然衰减，以替代之前提出的挖掘、搬运和修复方案，这有利于减轻公众健康风险，也能节约相当多的社会资源。

参考文献

1. Beth Young, Celine Suarez, and Kimberly Gladman, *Climate Risk Disclosure in SEC Filings*, The Ceres Corporate Library, last modified June 2009, http://www.ceres.org/resources/reports/climate-risk-disclosure-2009.
2. M.A. Delmas and V.C. Burbano, "The Drivers of Greenwashing," *California Management Review* 54, no. 1 (2011): 64–87.

3. Testimony of Chairman Alan Greenspan, while presenting the Federal Reserve's Monetary Policy Report, Federal Reserve Board, July 16, 2002, archived from the original on June 7, 2011, retrieved July 13, 2011, accessed December 2012, http://en.wikipedia.org/wiki/Alan_Greenspan.
4. Rachel Carson, *Silent Spring* (Boston: Mariner Books, 2002), accessed December 2012, http://www.goodreads.com/work/quotes/880193-silent-spring.
5. D. Callahan, *The Cheating Culture: Why More Americans Are Doing Wrong to Get Ahead* (New York: Harcourt Publishers, 2004).
6. William J. Bowers, *Student Dishonesty and Its Control in College* (New York: Columbia University Bureau of Applied Social Research, 1964).
7. Callahan, *The Cheating Culture.*
8. Lynn Sharp Paine, *Value Shift—Why Companies Must Merge Social and Financial Imperatives to Achieve Superior Performance* (New York: McGraw Hill Professional, 2003), in Preface.
9. Callahan, *The Cheating Culture.*
10. Richard Lacayo and Amanda Ripley, "They Took Huge Professional and Personal Risks to Blow the Whistle," *TIME*, December 22, 2002, http://www.wanttoknow.info/021222time.personofyear.
11. Wikipedia, s.v. "Henrik Ibsen," last modified September 17, 2012, http://en.wikiquote.org/wiki/Henrik_Ibsen.
12. Martin L. King, "Rev. Dr. Martin Luther King, Jr. Quotes," accessed December 2012, http://mlkday.gov/plan/library/communications/quotes.php.
13. Lynn Stout, The *Shareholder Value Myth—How Putting Shareholders First Harms Investors, Corporations and the Public* (San Francisco: Berrett-Koehler Publications, 2012), p. 1.
14. Danielle Ivory, "BP Temporarily Banned from Contracts with U.S. Government," *Bloomberg News*, November 28, 2012, http://www.bloomberg.com/news/print/2012-11-28/bp-temporarily-suspended-from-new-contracts-with-u-s-government.html.
15. Ronald R. Sims, *Ethics and Corporate Social Responsibility* (Westport, CT: Praeger Publishers, 2003), p. 147.
16. Justice Potter Stewart, accessed May 1, 2013, http://thinkexist.com/quotes/potter-Stewart/2.html.
17. Lynn Sharp Paine, *Venturing beyond Compliance: The Evolving Role of Ethics in Business* (New York: The Conference Board, 1996), pp. 13–16.
18. Wikipedia, s.v. "Voluntary Euthanasia," accessed December 2012, http://en.wikipedia.org/wiki/Voluntary_euthanasia#Modern_history.
19. Michael S. Josephson, *Making Ethical Decisions* (The Josephson Institute of Ethics, 2002), accessed December 2012, http://josephsoninstitute.org/MED/MED-2sixpillars.html.
20. Michael Josephson, "Making Ethical Decisions," accessed December 2012, http://www.sfjohnson.com/acad/ethics/Making_Ethical_Decisions.pdf, p. 1.
21. Ibid., p. 6.
22. Ibid., p. 1.
23. Formerly ERT, now AECOM, one of the largest environmental consulting companies in the world. Accessed December 2012 at http://www.aecom.com/.
24. Josephson, "Making Ethical Decisions," p. 21.
25. Ibid.

26. Georgia Harkness, *Christian Ethics* (Nashville, TN: Abingdon Press, 1957); Joseph Telushkin, *A Code of Jewish Ethics* (New York: Crown Publishing, 2006); Mel Thompson, *Ethics* (New York: McGraw Hill, 2000); Stephen Asma, *Buddha: A Beginner's Guide* (Charlottesville, VA: Hampton Roads Publishing, 2008); Jean-Francois Revel, Matthieu Ricard, John Canti, and Jack Miles, *The Monk and the Philosopher: A Father and Son Discuss the Meaning of Life* (New York: Random House Publishers, 1999); Bansi Pandit, *Explore Hinduism* (Leicester, UK: Heart of Albion, 2005); Gurcharan Das, *The Difficulty of Being Good on the Subtle Art of Dharma* (London: Oxford University Press, 2009); Peter Singer, *How Are We to Live? Ethics in an Age of Self-Interest* (Hong Kong: Mandarin Press, 1995); Charles Colson and Nancy Pearcey, *How Now Shall We Live?* (Carol Stream, IL: Tyndale House, 1999.)
27. "President Lyndon B. Johnson's Annual Message to the Congress on the State of the Union January 4, 1965," University of Texas, last modified June 6, 2007, http://www.lbjlib.utexas.edu/johnson/archives.hom/speeches.hom/650104.asp.
28. Wikipedia, s.v. "Heaven (Christianity)," last modified November 1, 2012, http://en.wikipedia.org/wiki/Heaven_%28Christianity%29#cite_note-11.
29. Theopedia, an Encyclopedia of Christianity, s.v. "Protestant Reformation," accessed December 2012, http://www.theopedia.com/Protestant_Reformation.
30. Stanford Encyclopedia of Philosophy, s.v. "Medieval Theories of Conscience," last modified July 7, 2011, http://plato.stanford.edu/entries/conscience-medieval/#BM3.
31. Theopedia, "Protestant Reformation"
32. Wikipedia, s.v. "Hillel the Elder," last modified November 20, 2010, http://en.wikipedia.org/wiki/Hillel_the_Elder.
33. Das, *Being Good*.
34. Wikipedia, s.v. "Mahabharata," last modified December 16, 2012, http://en.wikipedia.org/wiki/Mahabharata.
35. Wikipedia, s.v. "Ramayana," last modified December 16, 2012, http://en.wikipedia.org/wiki/Ramayana.
36. Wikipedia, s.v. "Bhagavad-Gita," last modified December 17, 2012, http://en.wikipedia.org/wiki/Bhagavad_Gita.
37. Pandit, *Explore Hinduism*.
38. Gurucharan Das (author of "India Unbound" and former CEO of Procter and Gamble, India), private conversation with coauthor's wife, Janaki Ramanan, at the release of his book *Difficulty of Being Good* on October 14, 2010, in Chicago.
39. Wikipedia, s.v. "Caste System in India," last modified December 3, 2012, http://en.wikipedia.org/wiki/Caste_system_in_India#Modern_status_of_the_caste_system.
40. Govind Singh, "Mahatma Gandhi—A Sustainable Development Pioneer," Eco Localizer, last modified October 14, 2008, http://ecoworldly.com/2008/10/14/mahatma-gandhi-who-first-envisioned-the-concept-of-sustainable-development/ in http://www.mkgandhi.org/articles/environment1.htm.
41. Dhamma Encyclopedia, s.v. "Brahma Viharas," accessed December 2012, http://www.dhammawiki.com/index.php?title=4_Brahma_Viharas.
42. John L. Esposito, *Oxford History of Islam* (New York: Oxford University Press, 2000).

43. Sue Penney, *Islam* (Oxford: Heinemann, 1999), p. 14.
44. Jonathan A.C. Brown, *Hadith: Muhammad's Legacy in the Medieval and Modern World* (Oxford: Oneworld, 2009), p. 6.
45. Janin Hunt and André Kahlmeyer, *Islamic Law: The Shariah from Muhammad's Time to Present* (Jefferson, NC: McFarland and Co., 2007), p. 1.
46. This section includes concepts rephrased and rearranged from the following references: Peter Singer, *Writings on an Ethical Life* (New York: Ecco Press of Harper Collins, 2000); Paul Kurtz, *Forbidden Fruit: The Ethics of Humanism* (Amherst, NY: Prometheus Books, 1988); Edward Ericson, *The Humanistic Way: An Introduction to Ethical Humanist Religion* (New York: Continuum, 1988); Hazel Barnes, *An Existential Ethics* (Chicago: University of Chicago Press, 1985); A.C. Grayling, *Meditation for the Humanist: Ethics for a Secular Age* (London: Oxford Press, 2002); and F.R. Zindler, *The Probing Mind*, accessed December 2012, http://atheists.org/content/ethics-without-gods.
47. Zindler, *Probing Mind*.
48. Jonathan Haidt, *The Righteous Mind* (New York: Pantheon Books, 2012), p. 128.
49. Ibid., p. 131.

第 2 章

环境伦理学与公共政策

2.1 人类与环境

随着社会的进步，往往面临着经济效益和环境恶化之间的冲突。许多环保主义者反对开采石油和裂解页岩层来生产天然气，因为会对当地自然资源产生潜在的影响。另一方面，现在看来，由于禁止危害人体健康的化学品 DDT 的使用，导致了疟疾在发展中国家肆虐。环境伦理学意味着做正确的事，但是，什么才是正确的事情？是否应该允许在一个小城镇附近的荒野中，建造可能雇佣数以千计工人的一家大型制造工厂，但是会剥夺野生动物生存和茁壮成长的空间？这些工业用地也将剥夺徒步爱好者、露营者和猎人等的活动空间，这难道不是一个道德困境？

解决这个困境的方案，包括拒绝该公司建立工厂，或者将荒野地进行分区，预留一个特殊的封闭区域以鼓励更多的户外活动参与者，荒野区可配有露营地和舒适设施，给徒步旅行者一个荒野冒险之后聚会和留下来过夜的地方。在拟建工厂区域的野生动物会怎么样？即使兔、松鼠、狼、狐狸等被捕获或迁移，但还有植物和数以百万计的小型生物需要考虑。

环保部门有不同的标准来处理这些问题，但很少考虑到特定区域的具体细节。他们可能会提供一个论坛让反对者和支持者提出意见和讨论，经协商达成妥协。他们可以在审批过程中规定基本要求，如对濒危物种名单进行评估。该部门可以指定一名官员现场做出判断和决定，或将任务委托给具有这方面能力的专家委员会来执行。如果事态足够严重，可能会起诉至法院进行裁决。

2.1.1 人类中心主义

人类中心主义假定环境存在是为了提供物质满足人类。在之前的章节中，我们回顾了来源于各种宗教信仰以及无神论的价值观，提供了每个观点的伦理背景。我们许多关于自然的现代观念，都来自于希腊人、东印度人和希伯来人等的古代信仰。许多这些传统都认为人类是道德宇宙的专属中心。在犹太教和基督教的圣经故事《创世纪》中，人类在神圣计划中的特殊地位非常清楚："神就照着自己的形象造人，依照神的样式创造男性和女性。神赐福给他们，又对他们说，要多多繁殖，遍满大地并驾驭他们；也要管理好海里的鱼、空中的鸟和地上所有的爬行生物。"

"人们可能会对'统治'的意义有争论，而那些关注环境的人士声称，'统治'不应该被视为人类可以对于其他生物随心所欲的许可，而是作为上帝使者执行指令来照顾它们，它们被对待的方式将向上帝负责。"有人用上帝为报复人类的罪恶，淹没了几乎地球上每一个动物的例子，来反驳这种观点。难怪有些人认为建立电力大坝的河谷的洪水是不值得担心的，甚至在洪水退去后，还有圣经授权更加繁重的"统治"任务："你的恐惧和担心将会降临到地球上的每一个生物，空中的飞鸟，地上的爬行动物，海里的鱼，它们通通都交付到你的手上。"

当基督教盛行于罗马帝国时，基督教也吸收了古希腊对自然世界的态度，神父托马斯·阿奎那，想要融合基督教与古希腊哲学家亚里士多德的思想，基于如下理由提出了自然的秩序——动物拥有更少的推理能力是为了那些拥有更多能力的物质而存在。亚里士多德认为"植物被创造为了动物"，"动物被创造为了人类"，"因为大自然不会使任何东西没有意义或徒劳无功"（有趣的是，这与印度教信仰中从玻色子到多元宇宙的秩序一致），在大自然中所有的动物是否为了人类，这是值得商榷的。维西林德在讨论环境伦理学中的人类中心主义时，提到了这句来自亚里士多德的古老名言。阿奎那只承认有罪于上帝、我们或我们的邻居，他没有看到有罪于非人类动物或对自然世界的可能性。

根据这来源于犹太教和基督教的思想，上帝给了人类"统治"自然界的权利，但不关心我们如何对待它。自然本身是没有内在价值观，以及对于植物和动物的破坏不能认为有罪，除非这种破坏伤害了人类。占主导地位的西方传统思想，今天仍认为自然界的存在是为有益于人类。人类站在食物链的最顶端，是这个世界上最重要的成员。

2.1.2 生物中心主义

在我们这个世界有将近一半的人仍然持如下符合主流西方传统观念观点：整个非人类界的唯一价值，是因为它有利于人类。但辛格教授问我们是否应该限制人类中心主义的伦理观。生物中心主义将生物世界放在整个星球的中心，侧重于生命的内在价值，在其标准中不包括是否有益于人类。它质疑西方传统观念将自然环境价值限制于是否有益于人类。许多非人类动物也像人类一样能感觉到疼痛，这些动物无疑是可怜的，但也可能会经历一些类型的喜悦。许多哺乳动物由于与家庭组织分开遭受分离之苦，或者因重新回归家庭团体而高兴。

人类与其他有着良好或糟糕居住环境的，能够感觉痛苦和折磨的物种，分享着整个世界。印度教道德准则三个关键理念中的一个，就是促使人们用善良和同情之心对待所有上帝创造之物。同样，佛教道德准则的一个重要信条就是不杀生——避免杀害其他人，并尽量减少其他物种的痛苦。我们认为动物的体验与人类拥有同样的价值。对非人类动物造成的痛苦应该与对人类造成的痛苦一样，同样是分量相当的不良行为。非人类动物的死亡，单独考虑通常伴随死亡的悲痛，也有道德的重要性，虽然可能与人类死亡的重要性程度不一样。

假设蒙大拿州的一个地区为制造工厂所在地，随着工厂的壮大，雇用了数百名工人，其对能源的需求也越来越大。当地公用设施部门拟在当地河流两岸陡峭处，切断峡谷建设一个水坝，也是建设人工湖理想地点。该项目已获得资助，环境影响评价（EIS）详细介绍了该项目将如何使那个地方受益，包括创造就业机会，产生低电力成本，而且也不污染大气。从同一本环境影响报告书中，一个使命是保护环境的非政府组织（NGO），注意到该项目将显著影响当地的生态系统：某些动物物种都将消失，已经屹立了几千年的树木会死亡。非政府组织认为，整个当地生态系统将被摧毁，公众应该保护动物、树木和整个生态系统，而不是仅仅考虑经济、休闲或人类感兴趣的科学实验。在这里，我们有一个根本性的道德分歧，什么样的生物应该在这些讨论中被审慎考虑。

可能会说它是人类文明的道德污点，不理会非人类动物的需要，来满足人类的微小需求。一些动物当无家可归的时候，可能会迁移到更加合适的周边地区，但是荒野并没有太多合适的区域等待一个主人。一些物种如北极熊，原生于某些地区，只存在于世界上的某个特定区域。如果有地方可以维持一种原生动物，那它最有可能已经被占据了。至于北极熊，大多数会被淹死或饿死。

2.1.3　自然

各类物种在前面已经考虑到了，但对于大自然本身呢？美景的内在价值是否需要作进一步考虑？人类是否对溪流、瀑布和峡谷负有道义上的责任？有些人可能会认为，复杂生态系统的破坏、野外河流的堵塞、岩石峡谷的损失，只有当它们对活着的生物产生不利影响时才会加以考虑。即使是彻头彻尾的人类中心主义者也并不排斥对大自然的保护，只要与人类福祉有关。如果可以证实来自铀矿开采或建造核电厂的辐射对人类健康是有害的，这些活动可能会受到质疑。同样，许多这种类型的观点被用来反对污染，释放的废气会危害人体健康，或者会对臭氧层产生破坏，反过来会对人类构成威胁。因为人类需要能够茁壮成长的环境，保持这样的环境，即使在以人为中心的伦理框架内依然具有重要价值。

在地球上保存荒野的观点正在迅速消失，当森林被砍倒或者说采伐，森林的可持续性被打破了。森林随着时间的推移可能会再生，但它无论如何也做不到与之前的完全一致。从砍伐森林获得的利益是短期的，如就业安置、企业利润、出口创汇、更便宜的木材以及造纸。一旦森林被砍伐或由于筑坝被淹没，其过去的辉煌已经一去不复返了。真正的荒野现在因为它的稀缺性而倍受珍惜。基于这个原因，环保学家认为荒野应成为世界遗产。我们从祖先那里继承了荒野，而且必须作为世界遗产为我们的后代保存好。

这种观点并不意味着就没有合理采伐森林的任何理由，但是从可持续发展的角度来看，任何此类理由确实意味着一定要把森林对子孙后代的价值进行充分考虑。反对者认为，荒野几乎没有价值，因为它仅仅具有审美的价值，但人们应竭尽全力保全美丽的东西，如毕加索、高更、伦勃朗、梵高等的伟大画作。当一个人走进大自然，从岩石顶上驻足远眺，或坐在长满苔藓的巨石的潺潺流水旁，这对于某些人来说可能是一种奇妙的审美体验，甚至是一种精神体验。当自然环境遭到破坏，子孙后代都否认其是美丽的。因此，以人为本的伦理可以成为对环境价值有力的论据基础。从以人类为中心的伦理角度来看，经济增长才可以看作为现在和未来几代人带来收益，但只是下一代人才会付出代价，但其所付出的代价实在是太高。

2.1.4 平衡人类需求与地球保护

环境专业人士往往面临着平衡人类需求和保护环境的困境。科学家和工程师们有责任生产足够的能量以满足工业部门、商业部门和居住区的供热、供电和运输需求。各种电力生产均会对环境造成影响：油井、油页岩和沥青砂均对环境产生不利影响；核电遇到地震、海啸或设备故障等灾难事件时，会对健康和安全构成严重威胁；风电会对鸟类种群有影响；水力发电厂往往涉及截断支流形成湖泊，会淹没荒野地区，影响该区域的动植物。但人类已经习惯了离不开电源的舒适生活，随人口的增加，城市的发展和道路的增多，对工厂制造的产品有着巨大的需求，其使生活更舒适和操作更有效率，然而所有这一切均会对自然造成伤害。

在20世纪60年代和70年代，美国人意识到了这一困境，并出台了环境保护法。为发展新的产业和建设新住宅等，业主必须提交环境影响报告书，列出所有的有利之处和对健康的危害，以及该项目对家养的和野生的动物可能产生的不利影响。美国环境保护署会检查报告的准确性，并评估对社会做出的贡献与社会成本是否平衡。同时，召开听证会来增进公众的认知度，允许让受影响的各方提出异议。这个过程可能是艰难的和对抗性的，偶尔还要求法院进行干预。发起者、支持者以及抗议者相互做出妥协，直到一个满意的环境影响报告书被批准。通常情况下，所有利益相关者的道德和伦理，在达成协议之前是紧绷的，职业道德本身在面对争议性较强的环境影响评价情形时，往往会经历较严峻的考验。

有人会说，通过开展环境影响评价，阻止了某些富有的实业家为自己公司利益而损害社会公共利益或野生动物的行为。企业家会争辩说，他们将提供就业机会和其他方面的福利。而两边的律师往往才是真正的受益者，专家证人的真实性受到质疑，这可能是一个道德伦理斗争。然而，政府官员最终必须选择接受或拒绝该项目。这将成为一个在公共政策方面，基于利益相关者的影响和伦理判断而做出两难选择的经典场景，包括从很小的项目到横跨整个国家的管道大项目，其中有赢家，也有输家，游说者与利益集团产生冲突，人类与其他生物可能会流离失所，自然资源因服务某些利益目标有可能被开采。

2.2　环境经济学

2.2.1　经济学理论与公共物品

环境经济学属于经济学的应用领域，研究内容涵盖了经济学对环境的影响和环境对经济学的影响。它不同于基于生物物理学观点的生态经济学，以及处理自然资源生产和使用的资源经济学。环境事务往往充满艰难的社会政治抉择，经济学家在充满高度紧张的辩论氛围中，继续从大众视野的角度对几个市场观点进行讨论。经济学家们如何看待环境问题值得我们回顾，下面让我们来了解一些基本的理论观点。

2.2.1.1　市场理论

统一市场理论认为市场配置的高效性这双“无形之手”可以解决所有问题。理想条件下，如果没有政府干预，自由市场是完全有效的。这种条件下，不存在公共物品、外部性、垄断的买卖双方，而且对经济规模也没有限制，股票市场满足类似的条件。然而，环境污染具有负的外部性，而且自然资源也是公共产品。经济学家认识和了解到，自由市场并不能解决所有问题。他们认识到市场的外部性（如环境污染），如采取自由放任的政策会导致社会分配不公，因此需要政府进行干预，以保证对所有人的公平和正义。

市场经济学理论常常假定经济学家总是建议用市场来解决有关问题，但事实却并非如此。经济学家意识到，通过排污许可或排放权交易，可以弥补治理均一污染物（如来自发电厂能引起酸雨的二氧化硫）的社会成本，因为它们满足了进行市场交易的大多数必要条件，但同样是基于市场的解决方案，对局部影响的有毒有害空气污染物（如苯）不起作用，因为这可能使高影响位置成为热点。如果被设置为政府监管的行政许可，制造业工厂不是选择控制或减少苯的排放量，而是更容易地从大量的苯排放低影响的地点购买苯排放配额，满足苯减排的许可需求。这往往导致环保部门，允许大量制造业工厂在某个集中区域排放苯，产生一个苯浓度非常高的邻近区域，被称为苯热点。反过来，这会导致生活在靠近排放苯的制造工厂周边的人们，因空气中有高浓度的苯使得其处于较低生态阶层。这称为环境不公，其中生活在较低生态阶层的人，因受到空气中高浓度苯的影响而易受到严重的健康危害。

市场价格理论指责经济学家用市场价格来评估非市场体系的解决方案。经济学家认识到，损害人体健康的经济价值，比花费的医疗费用和生产力损失的总和要高得多。他们还认识到，人类因自身或爱人遭受压力和创伤所带来的痛苦，远远超过了明面上的实际经济影响。同样，亚马逊森林的经济价值，比尚未发现的中草药、充当碳汇的千万棵树、失去的生态旅游等总价值更大。森林具有存在价值等非使用价值，荒野可作为人类子孙后代的世界遗产。然而，出于优化资源分配的目的，考虑到所有这些因素基本不可能。

最后，市场效率理论指责经济学家仅仅关心市场效率，忽视公平分配的影响，公平分配是难以估价的，目前环保法规还没有很好地解决这一问题。在美国，环境正义是第一步，法律诉讼和行动主义正在继续推进，经济学家才刚刚学会多方面权衡分析公平分配的影响。

2.2.1.2 市场外部性

1920 年，剑桥大学经济学家阿瑟·庇古提出了经济外部性的概念。市场交易一般涉及供应方和需求方，同在一个自由市场的情形下，市场效率就实现了。但是，如果卖方和买方在市场交换过程中，对某个外部实体的影响没有反映在交易价格中，那么市场外部性就产生了。例如，生产者生产某产品因为没有承担防治污染的费用，所以生产成本较低，可以通过较为便宜的价格销售产品来赚取利润，而购买者将越来越多地以较低价格消费更多的产品。但是，生态受到生产者产生污染的影响，在定价过程中没有体现出来，这叫作负的外部性。正的外部性是公众从市场活动那里获益，为避免产品供应不足政府补贴是必需的。美国为低收入阶层提供医疗保健的医疗补助计划就是这样一个例子。在环境方面，对可再生能源项目的税收激励就是一个最好的例子。负外部性就是物品经济交换价格没有完全覆盖市场活动的社会成本，而这会导致产品的过度消费。征收与负外部性价值相等的个税会提高市场效率。治理污染的社会公共成本往往比污染者个人成本更大，需要政府通过外部手段运用税收政策对污染进行干预，减少影响。这些手段通常是在市场交易之外，但与市场活动产生的污染有关，类似的有庇古税或庇古费，通常支付给政府。不是排放费，这是从处于最佳污染水平下通过消除污染的边际收入，或“污染者支付每一单位污染物的税收，恰好等于在最佳生产水平下的全部边际外部成本”。等边际原则，就是防治从多个污染源排放的污染，各个污染者付出的边际成本相等，以实现以尽可能低成本的减排。庇古费满足等边际收入原则，因为所有的污染企业设定他们边际收入的价值相同，那就是庇古费。值得注意的是，收费与补贴对市场效率效果之间的差异，在环境方面，污染者通过自付费用或获得税收补贴来安装污染控制设备，两者效果是一样的吗？如果不是，哪个更好？补贴导致低效率，补贴可允许企业继续存在，而收费可能导致企业关闭。补贴使污染工艺显得更有吸引力，收费的效果相反，可以促进创新和提高效率。

2.2.1.3　商品分类

商品分类是在经济学中一个非常基本的概念，和环境领域也非常相关。排他性、允许转让是私有财产权产品的基本特征，是“看不见的手”的市场效率起作用的必要条件。有价值的产品是排他性的，如果它切实可行地允许消费者有选择性地消费某物品（例如汽车、食品、电影）。有害产品也是排他性的，如果它切实可行地允许消费者有选择性地避开消费某物品（如香烟）。道德在对有价值和有害的产品做出抉择时，起着非常重要的作用，大部分产品是益处和风险并存的。一个常见的例子就是药品可以治病，但同时具有副作用，它应该被允许还是不允许？为防止滥用需要加以什么程度的限制？比如可以让人成瘾的处方药。同时，竞争是商品的另一个特点，一个个体消费之后排除了另外的个体消费或享受同一个商品的可能性。例如，饮料、食品、衣服和航空旅行被列为竞争性产品。此种情况下，公平地生产和分配有着重要的伦理意味。然而许多公共物品，如国防、公园、互联网和城市空气（包括清洁和污染的），因不具有排他性，这就会导致外部性和市场失灵。

2.2.1.4　公地悲剧

1968 年，加勒特 · 哈丁指出了“无形之手”市场效率应用于公共物品所存在的问题。在精心设计的“菜篮子”案例中，哈丁讲述了一个向所有人开放的公共牧草场，任何人都可以想养多少就养多少头牛，但载畜量过度的时候，悲剧就发生了——所有的牛都死亡了。如果在“菜篮子”案例中，草场被分割成小块并按照私有产权来进行分配，仅限于放牧与大自然恢复能力相匹配的牛羊，就可以避免出现悲剧。在环境污染情形中，与从牧场获取食物类似，空气或水污染物以超过大自然循环能力的速率，排入公共区域。但是，与“菜篮子”案例不同的是，空气和水不能轻易地划分边界进行打包：它们是公共产品。像分配公共产品的私有权利一样来打包空气和水，更正确地称之为空气罩和水罩，这是不实际的。更重要的是，污染者没有动机去限制排放污染。因此，事实上，

“菜篮子”案例中的私有财产解决方案，往往导致更多的污染，这就是在2.2.1.2节讨论的市场外部性，要求政府进行干预以保证清洁的空气和干净的水以保护公众健康，这就要求重新定义财产权。

2.2.1.5 用产权来战胜外部性

1960年，诺贝尔经济学奖得主——百岁老人科斯，从理论上论证了明确界定产权可以克服外部性的问题。他论证了强制产权制度是如何使产品具有排他性，并让市场发挥作用的。他建议，如果偷盗不违法，几乎所有的商品都是非排他性。任何一般私人所拥有的财产如汽车，都是排他性的，它属于业主，只有业主的权利是可强制执行的。在环境污染情况下，人们可以想到“不受排污的权利”或“获得赔偿的权利”，这确立了“污染权作为财产”的理念，给空气罩或水罩赋予了财产权。如果这一权利的公共产品像清洁的空气和干净的水可以被强制执行，这些物品具有排他性。但是存在污染权吗？谁有此权利，污染者还是受害者？科斯指出，如果没有贸易壁垒，这种污染权的交易会提高市场效率，无论是污染者补偿受害人，还是受害人为排污者不污染买单（不管概念多么可恶）。

虽然有悖常理，但按照科斯理论，产权的初始分配对于经济效率是无关紧要的。当然，只有当它满足以下几个条件才是正确的：每个人都知道全部信息，消费者和生产者都是价格的接受者，法院系统当地执法成本为零，生产者追求利润最大化，消费者追求效用最大化。另外，没有交易成本，也没有收入或财富效应。但是，如果不具备这些条件中的任何一条，产权初始分配很重要。交易成本很重要——交易成本必须最小化。如果交易壁垒存在，初次分配也很重要，而且对参与各方影响均不同。因此，像发放现金一样通过分配排放配额来赋予排污权。另外，受害者不应不愿意支付，这是一种心理障碍而不是一个经济问题。有些事虽然很少发生但真实存在，如加利福尼亚州圣玛丽亚的居民，为消除污染支付了搬迁养牛场的费用。虽然是受害者支付的费用，但市场效率达到了，在这种情况下，对受害者来说，不受污染的权利更加有价值。

最后，尽管市场变得有效率，但没有关注具有政治意义的公平性。从政治经济学的角度来看，例如，政府引导污染者承担社会期望的行为，这可能不在污染者的兴趣之列，政府的干预可能会以环保法规、经济激励或交易限制的形式出现。但正确识别什么样的污染水平对社会来说是最佳的，这是一个复杂问题，这些内容将在下一节关于政府可用干预的经济手段和监管政策机制中进行更加详细的讨论。

2.2.2 经济学手段与监管政策

采取多少环境保护措施是合适的？如何做到环境保护和自然资源利用之间

的平衡？这是一个标的社会政治问题，然而，惯常的经济学是价值导向的。个人或社会偏好，可能是生物中心主义的、人类中心主义的或以可持续为中心的。生物中心主义以生物世界为中心，侧重于生命的内在价值，没有考虑对人类有用是其工具价值之一。人类中心主义假定环境来提供物质以满足人类。可持续性发展观致力于保护生态系统的完整性，经常引用的定义来自布伦特兰委员会，认为可持续性发展既满足今天的需要，但保留满足未来后代的能力。诺贝尔经济学奖获得者罗伯特·索洛认为，我们现在要做的是必须确保下一代的生活与这一代差不多，不过，他接着说，人造资本（如机器）是自然资本的替代品。

广义地说，政府可以利用四大监管机制来管理环境问题：命令与控制、诉讼责任风险（通常也称为有毒有害物质的侵权责任法）、排放费或税收优惠以及排放配额交易。命令和控制是监管的最主要形式，通过法律法规来规定特定的污染控制设备、技术，或不同工厂和特定污染物的排放限值。这些规定对违规者执行财务和个人刑事责任处罚。他们通过法律框架和法院强制执行。“追责”的做法——污染者对后果负责，污染者支付全部赔偿金——激励污染者采取预防措施，这种方法会导致对有毒有害的侵权进行追责，审判委员会的判决可能非常重要。命令与控制、追责方式由于其易于实施，这两个都是比较常用的政府监管机制。然而，他们不提供激励机制来促进自由市场效率和企业的创业创新。

另外两个机制提供更直接的经济诱导。“排污费”要求按排污单位收费——污染者有兴趣减少污染以降低必须支付的费用，这种方法能够实现以尽可能低的成本，达到预先确定的环境标准。但是，管理部门往往不知道为通过市场效率达到最佳的污染水平，收取多少费用是合适。此外，这种方法在可转让的许可交易成本较高时效果更好。在另一方面，“市场化许可证/排放信用交易”，让污染者和投机者购买和出售排污权。它对谁出钱和谁安装控制装置进行了分离。配额可转让使它们成为私有财产和可交易，可交易使得排污许可（命令和控制型方式）转变成为经济刺激型。污染者可以安装额外的污染防治设施来获取减排额度（ERC），并使用通过售卖减排额度的收入来支付污染防治设施的费用。通过使用购买外部或内部产生的减排额度，以避免投入更加昂贵的污染防治设施，这样效率就提高了。这种方法较好地适合不存在热点问题的均匀混合污染物。例如，在美国，它已经减少了防治酸雨污染的合规成本近 100 亿美元。但是，空间浓度以及由此引发的热点，或污染权的初始分配以及由此引发公平分配，依然是一个问题。按照科斯定理，销售许可证和征收排放费均可能以成本效益的方式来分配，准确地满足预定的污染水平。

2.2.2.1　价值与成本效益分析

社会环境资源不是无限的，因此以最优方式分配资源变得很有必要。成本效益分析强调社会化投资的各方权衡和回答了采取多少监管措施才是足够的。环境保护和可持续发展问题是众所周知的社会政治选择。社会决定从政府政策获得好处的支付愿意，如果愿意的话，那愿意支付多少呢。维斯库斯认为，货币化降低人类健康风险和环境保护的效益，突出其经济价值，使得政策制定者制定合理的决策时更加全面，显然，它们将面临较大的困难。例如，降低人类健康风险的价值，是否因年龄和对社会潜在贡献的不同而不同？然而，公民基于支付意愿做出的选择是不完全或不精确的。不是所有的自然风光都具有相同的价值。同样，对有限社会资源在清理污染场地和地下水含水层之间进行分配，只能通过利益货币化来进行抉择。这些都很复杂，与其他公共政策选择没有太大不同。例如，如果调节水中土壤熏蒸剂的水平以避免人的早死，其所需要的社会资源超过了20亿美元，这将耗尽全部的社会资源：一些其他可能用到这些资源的事务将处于停滞状态！

效益和成本应通过比较政策的有利和不利影响来评估其经济效益。决策者在确定监管重点时，应允许适当使用成本效益分析方法（例如，资源应聚焦在什么地方——哪种污染物和哪个部门的健康风险应该最先解决），其他所有重大监管决策也很有必要应用成本效益法。近20年来，美国管理和预算办公室，根据总统明令，一直在评估各种监管措施的成本和效益，这有助于合理确定效益与成本是否相当。外部审查和利益相关者的参与有利于提高监管分析。效益和成本尽可能进行量化，但可以通过不确定性的描述来表现。然而，决策者不应仅受到严格的成本效益考验的约束。特别是由于公平是一个非经济因素，识别出重要的分配结果是关键的，以确保做出符合伦理的抉择。这在诸如环境正义等领域尤其如此——要保证低社会经济阶层的人不会受到过度冲击，因为他们往往生活在靠近排放污染物的生产设施周边。此外有关社会折现率的核心假设，降低过早死亡的风险和改善身心健康等的价值，在对大多数环境政策决策进行成本效益分析时，都是需要考虑的。

效益评估往往是在公共政策最有争议的领域之一，活动积极分子和商业游说团体（他们更愿意被称为拥护者）选择支持的原因各不相同。正如在前面各节中讨论的，大多数环境物品是公共的，而不是一种市场化的商品，因此很难确定环境物品的社会价值，例如清洁的空气。环境物品的益处既可以是直接的也可以是间接的，如通过降低大气中二氧化硫的含量以减少对植被的损伤是直接效益，但会导致二氧化硫向更大清洁区域的迁移是间接效益。效益的价值可以是用户驱动的，如在干净的湖泊游泳的功用；也可以是以大自然的美的形式存在的，如大峡谷，就像在前面讨论过的，这可以通过可替代的自豪感或传递到下一代的感觉来衡量价值。给社会带来的好处，可以通过减少物理损坏，或依据消费者行为调查的反应（如条件价值评估法），确定个人支付意愿来进行定量。

价值估算中最敏感的部分是统计生命的价值，估计人类生命的货币价值被许多人认为是可恶的，也是不道德和不伦理的行为。然而，评估减少过早死亡风险的价值，是群体经济学和公共政策分析不断发展的领域，这个主题下有着相当数量的学术文献。统计生命的价值是通过衡量社会减少过早死亡风险的支付意愿。它并不适用于可识别的个人，或任何个人风险除非非常小的变化。它并非意在表明，任何个体生命均可以简化为仅仅是货币价值。它的唯一目的是帮助管理层描述可能带来的效益。统计生命的价值并没有考虑到人口结构、年龄、收入或健康状况等因素。统计寿命年龄扩展法虽然解决了年龄差异等因素，但是，这种做法在政治上是敏感的，且没有考虑健康状况。社会支付意愿法不同于人力资本方法，是基于收入损失的方法。降低死亡风险的价值也取决于该风险的性质，例如，因空气污染导致过早死亡的风险都是在自愿基础上试验的，一般都是无偿；而与工作有关的风险或因为从事比较危险的工作会有一些补偿。这种情况最鲜明的表现，可以通过比较以下两种标准看出来：美国环保署发布的针对普通民众的有毒物质环境安全暴露标准，美国职业安全和健康署发布的针对工作人员的职业环境安全暴露标准。

最后，通过对远期的收益和成本贴现至现值才能有效比较，但可能会带来一些前所未有的挑战。例如，采取减缓气候变化措施所带来的好处，可能会经历一代人甚至上百年才会出现效益，贴现算至现值将接近于零。科学的不确定性、政治的敏感性和复杂性、效益货币化方法的不一致性、新物质的出现、发现新的不良健康影响等都是影响准确估值的其他重要因素。环境专家经常遇到如下类似的伦理困境，如制定多少监管规则，如何平衡人类需求，如何兼顾公平和环境正义，以及如何保护其他生物物种和自然世界。

2.2.2.2　风险管理和资源优先级

环境风险管理是系统应用法律政策、规章制度以具有成本效益的方式，来识别、评估和控制风险的任务，以保护人的生命、环境、有形资产和公司的声誉。全球金融危机以及最近的环境灾难，如英国石油公司墨西哥湾漏油事件，以及通常归因于气候变化的毁灭性风暴桑迪、卡特里娜和艾莉森，使得人们更加重视风险管理。所有的组织、个人、跨国公司和国有企业，以及各地区和国家，有必要了解在他们业务中的风险，以及如何更好地降低风险。同样重要的是识别和高度重视显著性风险，并制定适当的减缓战略。一个企业范围的全面风险管理办法，就是告知所有利益相关者的影响，及该企业的所有操作将导致减缓下行风险和获得潜在的上行风险。

2004 年，全国反虚假财务报告委员会发起人委员会公布企业风险管理（COSO ERM）标准，其与萨班斯-奥克斯利法案有联系。建立于 2009 年的 ISO

31000 标准《风险管理——原则和指导方针》是一个国际标准，提供了结构化的方法来进行企业风险管理，它涵盖了私营企业和公共部门。

风险是可能性和后果的函数。风险可以通过降低风险发生的概率，或降低潜在的影响、转移后果的负担来减轻影响。有效的风险管理活动，可降低发生的概率或后果的严重性，也可两者兼而有之。这也导致更明智的战略决策：花费较低、形象改善和社会支持率提高。风险可以通过概率-后果筛选矩阵的方式来识别优先级。典型的步骤是开始评估你现在所处位置，然后进行情景分析，包括条件序列，并确定风险的后果和可能性。之后是通过风险概率和后果严重程度的简单筛选矩阵来定位他们的位置，通常分为 3 ~ 5 个类别。风险优先级分为高、中、低。例如，所有后果严重事件、高概率事件和中等严重事件将属于高风险类别。一旦风险和机会都是按照优先级排序，减轻这些风险的选择就有了。缓解方案可能是降低事件的发生概率或后果严重性，也可两者兼而有之。

风险是对目标影响的不确定性，影响可能是正面的或负面的。风险出现的后果可能是灾难或机遇，或者有可能增加不确定性。短期风险可能会涉及日常活动，中期战术风险与企业并购相关，以及长期风险与战略相关。风险评估是根据评价和分级来识别风险，“风险等级可以是定量、半定量地，或定性地描述发生的可能性，潜在的后果和影响”。风险管理的目标是评估风险的显著性和采取适当的风险应对措施。七个“R”和四个“T”的风险过程管理如下：

1. 风险识别（Recognition or identification of risks）
2. 风险评估（Ranking or evaluation of risks）
3. 重大风险应对（Responding to significant risks），通常概括为“4T”：

(1) 忍受（Tolerate）

(2) 处理（Treat）

(3) 转移（Transfer）

(4) 终结（Terminate）

4. 资源控制（Resourcing controls）
5. 应急预案（Reaction planning）
6. 监测和报告风险水平（Reporting and monitoring risk performance）
7. 回顾风险管理框架（Reviewing the risk management framework）

风险管理投入的强度，必须与风险的大小、性质和复杂程度成比例，以及与其他活动，如分散在常规操作实践和程序、范围的全面性、对改变的响应等有关。这将使利益相关者确信风险得到管控，治理体系非常合适，且决策过程得到改善。风险管理必须纳入组织文化，包括经理层、领导层和董事会的承诺。由于风险等级对社会资源配置的广泛影响，风险管理过程中的道德行为或者通过培训，起着非常重要的作用。例如，人们可能会有争议，一种污染物排名是否比另一种高，或任何一种污染物的污染途径是否更值得关注（如污水或烟囱中排放的汞或砷）。因所影响物种、所属地区和所属行业的不同而越来越复杂，仅有很少的部分在分析过程中考虑到，它们都争夺有限的资源分配。

2.2.2.3　马尔萨斯和索洛融合

马丁对环境公共政策进行了一个有趣的对比，采用经典的西蒙-埃利希十年之赌，人类的智慧是否会克服将耗尽有限资源的障碍：人类贪得无厌的需求是否会耗尽地球有限的资源？或者，人类的智慧使得更有效地利用现有的原材料和发现新的供应来源？这是那些相信人力资本和创造性将克服障碍的支持者与反对者之间的经典争论。因此，这对社会政治事务如可持续发展作出政策选择影响很大。这导致在 1980 年《人口大爆炸》的作者——杰出的生态学家保罗·埃尔利希和美国自由市场智库卡托研究所的经济学家朱利安·西蒙之间的争斗。这两个阵营被戏称为马尔萨斯主义（在英国经济学家托马斯·马尔萨斯之后，预测了人口将超过粮食供给）与索洛主义之争（罗伯特·索洛也被称为富裕主义，因他们对无尽丰富的信仰）。

马尔萨斯的观点是，企业是罪魁祸首，是厄运之源。他们吞噬世界上不成比例的不可再生资源，产生不成比例的污染物排放。所以消费者和企业需要做更多的事来减少资源消耗，并抑制消费需求。这种观点指出，他们应该减少消费，多再利用和再循环，表现出一定的克制和责任。在另一方面，索洛的观点是企业贡献和解决了世界上的难题，并通过创新来减少对资源的使用和污染。这种观点指出环境和社会问题总可以通过培养人类智慧（例如合成橡胶）来解决，增长没有自然限制，因为技术创新是无限的（例如无线通信）。人力资本投资提高了回报率（比如你）。如果马尔萨斯是正确的，将不会取得任何进步，而且人类应该退步或灭绝。然而，如果索洛主义是正确的，那么为什么我们有处于危险水平的二氧化碳和臭氧空洞？马尔萨斯的避险情绪导致了谨慎的措施和税收的方法来获得持续削减。索洛主义宁可加大对投机性研究的奖励和减少补贴（如 CO_2）以激励创新。当协调作为一种妥协未遂时，这两种途径造成了困惑和障碍，缺乏明确的方向引起这个行业的猜忌，大多数公司选择了等待，直到后来才采取任何重大行动以避免失误。需要综合各种因素的总体分析才能确定什么时候一个比另一个更好。

马尔萨斯的节制或约束是一个包容性的策略，需要些许紧迫感和很多微小的行动，以及通过监管、经济激励、社会或道德的压力等广泛承诺。它有几个成功的例子：1975 年公司平均燃料经济性（CAFE）标准、20 世纪 70 年代的多窗口微软视窗、啤酒瓶和铝罐的回收利用，最近是能源与环境设计领先（LEED）。

索洛主义创新是通过推广来驱动，显然是长期的而不是快速的，需要政府政策和企业拥有大笔预算（例如替代能源的定价）。必要的成功例子包括：美国陆军于1910年发明的对水加氯消毒使之安全饮用，通过低成本、低技术的太阳灶，可以减少污染和森林砍伐。创新推广确实是通过经济激励来完成加速过程。例如，彻底颠覆性技术创新需要获得风险资本，对研发的投机性融资在未来必定获得高回报率和持续的收入。在能源和环境领域，美国乙醇政策与高挥发性燃料价格挂钩失败了，德国太阳能政策要求电网以5倍传统不可再生能源发电的成本，来购买特定年份的太阳能发电量，促使太阳能发电量显著增加。

2.3　环保倡议与相关重要议题

2.3.1　倡议与行动

蕾切尔·卡逊于1962年出版了《寂静的春天》，并在20世纪60年代发起了保护环境的运动。她通过写作提醒我们特别留意大自然的壮丽景象："我们专注于宇宙的奥妙和现实越多，想摧毁地球的冲动越少"。她还提醒我们为何人类时刻准备对大自然进行灾难性的破坏，并说道"只有在本世纪的某个时间段有个物种——人类——获得了巨大的力量来改变世界"。大约在同一时期，70年代初，一种叫作"契普克"的运动，开始在喜马拉雅山被一群几乎不识字的贫困妇女发起，她们把自己的身体阻隔在树木和承包商的斧头之间，以保护树木不被砍伐，并发动了对砍伐森林者的讨伐，这个过程中她们成为第一批环境保护者。

"环保倡议是通过展示对自然和环境事务有关观点鲜明的信息，鼓励群众采取更加注重环境的态度，往往是生物中心主义的世界观"。受环保倡议活动影响或被影响的相关人士，包括员工、顾客、股东、投资者、地方政府、非政府组织、供应商和社区，以及这些产品和服务采购、制作、销售、使用或处置的环境场所。可持续发展影响的是下一代，其对构建或指导这一代的决定无法表态。环境相关者的行为总是受到他们道德体系价值观的影响，大量团体的参与程度成倍增长。受互联网发展的驱动，在全球范围内提供了大量可实时访问的数据信息，许多同步交互的障碍也很少，连接社区的能力也以前所未有的速度增长。企业采取保护环境行动的动力，来自于意识到其对自身形象和股票价格的潜在影响，因为社会对企业采取负责任行动的预期日益增加，社会对企业绩效透明度的需求不断增长。环保在目前社会生活中占了很大比例，甚至成为了世界上很多国家总统竞选的辩论主题。

环境保护行动包括了收集信息、提取信息、建立联盟、发布问题、组织示威游行、参与制定规章制度等内容，并在必要时，可以采取抵制品牌游行或法律起诉等活动。通过环境保护倡议取得的一些重要成果有：拉夫运河事件使得美国通过了清理受污染的场地的《超级基金法》，“抱树运动”使得喜马拉雅山限制砍伐森林，臭氧空洞带来在全球淘汰生产碳氟化合物的《蒙特利尔议定书》，其他类似事件也有助于重大的全球性条约或地方法规诞生。如为了应对气候变化的《京都议定书》、为控制危险废物越境转移的《巴塞尔公约》《生物多样性公约》和《环境正义会议》均是一些比较著名的例子。

环保行动不仅限于热情的个人和非政府机构，许多行动是由保护他们选民的政治领导人来推动。如前面 2. 2. 1. 5 节所讨论的政治经济模式，往往是政府采取行动的依据，如促进欠发达地区发展，防止在公众健康和安全领域出现不良产品或不负责任的行动。经济激励和对违法违规行为的行政管制是这些行动的典型特征。全球范围内许多国家计划鼓励发展可再生能源，而有些国家强制提高车辆的燃料效率标准。有些国家规定很严格的排放控制要求，而其他国家通过将排放费或税相结合以鼓励减排。最后，管理金融业务的政府机构，如证券交易所，要求上市公司报告其环境表现，以及披露他们的材料在经营过程中无论短期和长期的环境风险。

企业对于声誉、实业和财务方面的风险管理，以及开拓进取的企业家精神，往往与实现环保活动和宣传的使命效果一样，其最终目标都是可持续发展，为我们的后代保护和保存好唯一的地球这个星球。在美国企业管理方面的典型例子包括沃尔玛的绿色化供应链和 3M 公司的污染防治计划（3P）。产品方面的例子包括 GE 的“绿色创想”（2011 年预计收入 210 亿美元），丰田的混合动力汽车，特斯拉公司的电动汽车（2012 年预计 4 亿美元收入）。公司在环保倡议中的另一个角色是通过行业组织来发挥作用，如美国石油协会（API）确保利用社会资源的有关规定是合理、可行和最佳的。

2. 3. 2　气候变化、可再生能源和碳份额

2. 3. 2. 1　科学家共识和全球条约

2004 年，当本书作者之一拉姆那，与发现了平流层臭氧消耗根本原因的诺贝尔奖获得者马里奥・莫利纳共进午餐时，当讨论到气候变化领域谁的成就与他齐名的时候，脑海里很快出现的是诺贝尔奖得主斯万特・阿累尼乌斯的名字。的确，在 1896 年阿累尼乌斯的论文就对二氧化碳会如何影响地球温度进行了描述。最近美国国家海洋和大气管理局（NOAA）的数据显示，地球的表面温度和大气中的二氧化碳水平之间有着密切联系。被称为温室气体（GHG）的许多气体均会导致全球变暖，其丰度和全球变暖潜在影响的相关关系超过 99%，最为主要的气体是二氧化碳（CO_2）、甲烷（CH_4）、氧化亚氮（N_2O）和含氟类气体。温室气体排放量一般用二氧化碳当量表示，这里用术语“碳”来表示。

第一次世界气候变化大会于 1979 年在日内瓦举行，而第一份评估报告于 1990 年由政府间气候变化专门委员会（IPCC）出台。作为回应，一个全球性的条约即联合国气候变化框架公约（UNFCCC）于 1992 年在纽约通过，并于 1994 年生效。气候变化框架公约的补充条款于 1997 年在东京签署，《京都议定书》的减排目标达成一致：欧盟（8%）、美国（7%），平均低于 1990 年水平的 5%。2007 年，IPCC 第四次评估报告的调查结果获得普遍共识，同年，IPCC 获得了诺贝尔和平奖。但此后的会议，2007 年（巴厘岛）、2009 年（哥本哈根）、2010 年（坎昆）、2011 年（德班）和 2012 年（多哈）未能产生任何有约束力的协议。

2.3.2.2　碳份额——最基本的伦理困境

科学家们认为大气中二氧化碳浓度低于 350×10^{-6}，可以避免全球变暖引发的严重后果。按照美国国家海洋和大气管理局（NOAA）的测算，在 2012 年，我们超过了 391×10^{-6} 的水平，任何超过零的净增长是不可能让我们回到低于 350×10^{-6} 的目标。碳是一种自然资源，但不同于其他物质，在碳这种情况下，我们必须限制使用含有产生二氧化碳的物质。全球变暖在实业上和财政上潜在的灾难性后果，增加了其重要性。鉴于今天我们生活中碳的身影几乎无所不在，限制碳分配其竞争过程是非常复杂的，产生种种潜在的伦理困境。在目前碳排放受限制的世界，这是环境伦理学术者和实践者遇到困境的主要领域。

拉姆那引入了术语“碳份额”，也就是满足人类产品或服务需要的碳的数量。“碳份额，由于其负的市场外部性，是一个社会政治的选择，在那里科学与社会指明了方向。”碳份额可能成为全球最具争议的公平分配问题。“由于不同的国家可能进行程度不同的气候变化减缓行动，值得注意的是，碳密集型的产品或生产过程，可能会转移到不控制温室气体（GHG）排放的国家。”存在争议的问题还包括用什么指标来衡量碳排放：绝对值？单位产品？单位国内生产总值？或者人均碳排放值？如果将全生命周期的碳足迹考虑进来，问题将更加复杂，包括从原料开采、生产、使用和最后处置等全过程，在哪里设置衡量的基准点比较合适？此外，复杂性还来自于谁应该承受削减消耗、增加生产成本，或者购买相同功能的产品而花更多的钱。

最后，国家内部和国家之间的调控干预机制是第四个因素。碳份额管理是选择由政府强制工业部门分担的征税？还是允许采用市场自由竞争的总量控制和交易来实现效率？然而，即使排放限值的初次分配对选择的行业有短期影响，最终均会实现稳定高效的状态。请参见 2.2 节环境经济学介绍的一些基本概念。

2.3.2.3　通过政府干预来控制全球变暖

拉姆那更进一步指出，虽然有市场驱动如消费者对环境友好产品和工艺的需求，投资者和保险界对控制气候变化风险的关注，以及来自像沃尔玛和通用电气公司等企业管理工作的需求，然而政府管制是不可避免的，已在北美许多地区以各种形式迅速增长。这些措施包括《阿尔伯塔省特别气体排放法规》《2006 年加利福尼亚州全球变暖解决法案》，以及美国环境保护署的《强制报告规则》，根据《清洁空气法案》来收集有关数据，表明对二氧化碳的管制和规章制定。美国证券交易委员会从 2010 年起要求报告有关材料引发气候变化的风险。

一些国家和地区制定了气候变化应对计划或替代计划。欧盟一直奉行 20-20-20 战略（到 2020 年温室气体排放量在 1990 年的基础上减少 20%，通过提高能源效率，能源需求降低 20%，将可再生清洁能源占总能源消耗的比例提高到 20%）以减少排放。印度已设置了减少二氧化碳强度的目标，到 2020 年比 2005 年的水平（单位国内生产总值（GDP）的排放量）减少 20%～25%，但其总量有可能被在同一时间内其国内生产总值的增长中和。世界各国从地方、区域、全国和全球等多个层面，对全球变暖进行关注、辩论和行动，它们的范围包括创新驱动、投资激励和法规干预。

2.3.2.4　气候变化，发电和可再生能源

今天，人为二氧化碳排放量都几乎全部来自化石燃料发电和运输，而甲烷的排放主要来源于农业领域。一次能源消费可以分成电力、交通、工业、住宅和商业部门，能源的来源分类大致为石油、天然气、煤炭、核能和可再生能源。值得注意的是，电力（40%）和运输（28%）占了一次能源消耗的近 2/3，另外的 1/3 由工业、商业和住宅产业三者消耗。美国能源信息管理局预计，到 2035 年，非经合组织和经合组织（OECD）国家将分别排放 289 亿吨和 143 亿吨二氧化碳。这段综述提供了基于能源需求驱动的全球二氧化碳排放量预测，并提供另外一些洞察气候变化程度的视角。

可再生能源方面，包括传统的水电、地热、风能、生物质能、太阳能或光伏发电，目前占到能源总量的约 10%。值得一提的是，学术研究人员和行业管理人员大力支持太阳能。刘易斯雄辩地说太阳能（与其他学术研究人员如瓦西莱夫斯基共同提出）的出现是为了满足蓬勃发展的人口的能源需求，是长期的可再生能源的最佳选择。同样的观点由罗杰斯得到了强化，他说虽然风能可以在短期内胜过化石燃料，但归根到底，太阳能将成为领先的可再生能源的最佳选择。

非经合组织国家面临的巨大挑战，是如何平衡大量人口脱贫及其日益增长的能源和交通需求，同时确保同样的人口规模，不会遭受气候变化的大变动和严重后果。通过有效的干预措施，以政策和经济激励的形式，推动在清洁技术和可再生能源方面的创新，来保持经济的增长，依然将列入他们工作计划的重点。这一领域的从业者、策划者和领导者所面临的环境伦理问题，非常有意义。

环保从业者依照不同人物不同用途，平衡分配一次能源时，都会遇到不同程度的道德困境。举例来说，基于减少二氧化碳排放量的考虑，人们应该反对使用洁净煤技术的燃煤发电厂，并推广使用更昂贵的风力发电，但这与优先使大量贫困人口脱贫并过上体面生活的目标相冲突：应提供足够便宜的电力服务于清洁水和照明等基本需求。

2.3.3 危险废物与有毒化学品

化工一直都是我们日常生活中不可或缺的一部分，近年来更是如此。但是，当这些化学品使用或处置不当时，可能会对人类、植物和动物产生有害影响。即便使用得当，许多化学物质仍然会危害人体健康和环境。当这些危险物质被抛弃，会变成危险废物。危险废物也很有可能是制造工序的副产品——产品制成后的废料。危险废物通常具有以下一个或多个特性：腐蚀性、易燃性、反应性或毒性。除非它被适当处理，否则可能会产生危害人体健康和破坏环境的风险。环境专业人士有责任指导并确保他们的客户、雇主和监管人士，遵守政府规定的预防措施，以及专业机构确立的保护人类和动物暴露于有毒物质的做法。

当有毒或有害废物被释放到大气、水体或土壤中时，通过扩散传播，污染更多的环境，暴露更多的人，而且对公众健康和环境将是更大的威胁。例如，当雨水降落在一个废弃场地的土壤中时，它可以将危险废物带入土层和地下蓄水层中。燃煤电厂的汞排放到空气中，会污染我们呼吸的空气。如果释放的有毒有害物质数量非常小，也可能被稀释后不会造成伤害。但是，如果在同一时间释放大量有毒有害物质，或在同一个地方多次释放少量有毒有害物质，如果该物质不被稀释，或者如果该物质毒性非常大（例如砷），也有可能导致人、植物或动物受伤害或死亡。有毒有害物质的接触效应，取决于该物质的使用和处置方式、暴露对象（非常年轻、年老或患病更敏感）、浓度水平、剂量、暴露时长和频率。此外，短时间高浓度水平暴露可能是急性的，低浓度水平重复性暴露可能是慢性或长期的。

暴露于有害物质的路径有很多：吸入、摄入或皮肤接触。吸入发生于呼吸被污染的空气、有害气体或有害液体蒸气；摄入来自于食用受污染的鱼、水果、蔬菜、肉，或饮用受污染的水；皮肤接触是通过直接接触皮肤所造成的吸收。对健康影响的可能范围，包括从轻微刺激到严重的疾病，如癌症、器官衰竭，甚至死亡。有些化学物质可能会导致生殖系统基因突变。

危险废物可以被处理处置、再利用、再回收和安全存储，典型技术包括填入池塘、焚烧、进入垃圾填埋场或注入地下。

污染防治比较有前途的方法重点在于减少浪费、重复使用和回收化学物质，寻求危害较小的替代品，采用创新的处理技术。例如，工厂在意识到他们的危害之前，在制造过程中使用有毒溶剂已经好几年。公司生产线已成功生产某商业产品多年，现在必须得修改产品原材料已避免毒害，这可能要花费大量的精力来改进生产工艺过程，而且产品质量偶尔受到影响。一个典型事件是在南加州的一家高尔夫球杆制造商，多年来，在应用环氧树脂增强高尔夫球杆附着力前，先用二氯甲烷擦拭高尔夫球杆，当地空气污染控制机构建议将其替换为无毒的溶剂，意见受采纳，但无毒溶剂有强烈的刺激性气味，使在现场的装配人员和其他工作人员感觉恶心，这个问题花了几年时间才解决。

全世界有许多规章制度用于管理有毒和危险废物，防止其释放到环境中。在美国，有旨在防止新的有毒物质进入环境等方面的制度，如《有毒物质控制法案》（TSCA），以及那些旨在跟踪释放和减少有毒释放物质的制度，如《有毒物质排放清单》（TRI）。还有其他一些旨在安全处理处置有毒物质和危险废物的规定，如污染场地的修复，这些措施包括《资源保护和恢复法》（RCRA）、《危险废物和固体废物修正案》（HSWA）、《综合环境反应、补偿与债务法案》（CERCLA），通常被称为“超级基金法案”，以及其他规章制度。“CERCLA”尤其值得特别关注，其“可追溯”“多方”追责理念，改变了整个环境保险行业，并提请金融部门注意报告物品的环境风险。“REACH”是欧盟对化学品及其安全使用和处理化学物质的注册、评估、授权和限制的法规，该法于 2007 年 6 月 1 日生效。

出于打击“有毒贸易”目的，这是一个对不道德行为做出反应的典型例子。发达国家的公众具有更多的知情权，反对在其国家处置危险废物也称为邻避效应（不要在我的后院，NIMBY）。处置危险废物潜在场所的供应日益减少，导致处置成本急剧增加。为寻找处置危险废物更便宜的方案，运营商采取行动将有毒废物出口到较少法规和执法监管的地方。控制危险废料越境转移及其处置的巴塞尔公约，是为了应对公众抗议发现进口大量有毒废物的相关法规。

不幸的是，故意倾倒危险废物并逃避监管的事件并不少见。通过环境实践者的伦理训练对消除这一问题发挥着巨大作用。

2.3.4　生物多样性——生物伦理角度

生物差异性或生物多样性是用来描述地球上各种生物的一个术语。“生物多样性是特定物种、生态系统、生物群落或整个地球范围内生命形式的变化程度。生物多样性是生态系统健康程度的度量”。世界自然保护联盟（IUCN）在生物多样性工作方面起着核心作用。按照世界自然保护联盟的说法：“它指各种生态系统和生物：动物、植物、栖息地和它们的基因。它是地球生命的基础，具有重要的生态系统功能，为人类提供产品和服务，没有它，我们就不能生存。氧气、食物、淡水、肥沃的土壤、药品、防止风暴和洪水的住房、稳定的气候和娱乐，都源于大自然和健康的生态系统”。与其他物种相比，大多数人认为人类更具有优先权。但是，有可能因取悦某个人会激怒其他人。如建设水坝可以为一个区域供水，但新形成的湖面可能会破坏野生动物的栖息地。伦理学家彼得·辛格认为野生生物或动物与人类具有同等地位。

生物多样性，包括植物、动物和微生物，连同土地、水和大气，化学和物理的，使人类和其他数百万物种生物以一个相互依赖的方式共存。它无处不在，无论是在陆地还是水里，它包括所有的生物，从微观的细菌和病毒，到更复杂的植物和动物。尽管开发了许多数据源和一些工具，生物多样性仍然难以跟踪和精确测量。根据《千年生态系统评估》，地球上物种总数有 500 万～3000 万种，而只有 170 万～200 万个物种已经被正式确定。但是，我们并不需要精确的数字也能有效理解：生物多样性存在何处，如何随空间和时间变化，变化的驱动力是什么，对服务生态系统和人类福祉的结果是什么，可用的响应选项是什么等。

生物多样性通常的货币化衡量单位是物种丰富度，它计算不同物种的数量而没有考虑它们的丰度和水平。然而，对于一个更全面的观点，它需要辅以其他指标，例如，另一个衡量指标：物种多样性，同时考虑物种多样性和物种丰富度。

生物多样性，其中包括大量的生态系统和自然过程，是市场外部性的一个经典例子，这些生态系统提供的服务并不在商品市场交易。因为这些服务没有价格，金融市场忽略了它们。生物多样性和随之而来的服务功能退化是可以阻止，如果这些价值被包含进政策抉择中。生态系统和生物多样性经济学（TEEB）研究正在朝着这个方向努力。“这项研究的目的是建立机制以评估自然的价值，关注全球生物多样性的经济利益，强调其损失正在不断增加。”TEEB 研究宣称，尽管生物多样性具有经济价值，但并没有进入到私人和公共决策领域。全球人口爆炸、相关的土地利用增加和城市化，是生物多样性丧失的主要原因。更好地了解当地和全球利益，以及生物多样性恢复的总成本，是阻止进一步损失的必要条件。

《生物多样性公约》（CBD）是一个全球性的条约，于 1993 年 12 月生效。它有三个主要目标：保护生物多样性，可持续利用生物多样性的组成成分，以公平合理的方式共享遗传资源的利用。其他保护生物多样性的相关国际条约是《国际重要湿地公约》（也称为拉姆萨尔公约）、《濒危野生动植物种国际贸易公约》（CITES）和《保护野生动物迁徙物种公约》（也称 CMS 或波恩公约）。拉姆萨尔公约是一个政府间条约，提供了对湿地及其资源保护和明智利用的国家行动和国际合作框架。注意，湿地拥有相当数量的物种。拉姆萨尔公约是唯一关于特定生态系统的全球环境条约，该条约于 1971 年在伊朗拉姆萨尔城获得通过，该公约的成员国涵盖了地球上所有地理区域。《濒危野生动植物种国际贸易公约》是一个政府间国际协议，其目的是确保野生动植物标本的国际贸易不会威胁到它们的生存。关于野生动植物及其栖息地在全球范围内的保护，《保护野生动物的迁徙物种公约》旨在保护陆生生物、水生生物和鸟类从其自然栖息地迁徙。

在美国，环境影响报告（EIR）有望确定这些影响，并试图汇聚了满足广大利益相关者的妥协。这可能是费时又费钱的，但环境专业人士的伦理道德，是尽最大可能保留现有的生态系统，同时实现对所有利益的平衡。显然，这并不是一件容易的事。

世界各地正在进行中的数百个项目，旨在拯救物种和生态系统，并提供保护行动成功所需要的知识。生物多样性保护工作由世界自然保护联盟（IUCN）通过它的各种项目来执行，包括水和森林。世界自然保护联盟有一份濒危物种的红色名单。在环保实践中，专业人士必须考虑工业界和政府有关生态系统的建议对行动的影响。每个利益相关者因影响和价值不同而持有不同的观点。环境专业人士在保护生物多样性方面的工作涉及三类：物种及其亚群，遗传多样性，以及生态系统。生物多样性可能成为环境专业人士面临的重大伦理问题，最后，专业人士有一个目标，那就是具备能解决好生物多样性伦理问题的能力，使各方都满意。

2.3.5　水资源压力

水资源压力是世界上许多国家和地区面临的重大可持续性问题。在美国，环境专业人士不会遇到灌溉和饮用水匮乏的道德困境问题。但是，在美国某些特定区域，例如，在南加州，供水是一个重大问题。我们听说干旱区域和地区的径流，被重新定向供应到人口增长的地区。它可以同通过偷窃比尔来支付保罗的案例相比。在作出这些决定时，决策者必须考虑欺骗一群公民以造福另外一群公民的伦理道德，这被称为“水源政治学”。

加利福尼亚州是“水源政治学”的一个很好例子。目前，南加州、洛杉矶和圣地亚哥是一个干旱的，几乎全是沙漠的地区。由于气候和靠近海滩的原因，这个地区人口稠密。加利福尼亚州北部因有山而有大量的径流，其中大部分通过横跨萨克拉门托和旧金山等城市的河流排出。萨克拉门托经常被这股大径流淹没。1963 年，州长帕特·布朗建设以他名字命名的渠道，水流渠道从加利福尼亚州北部到南部大约 500 英里[⊖]，水流经过帕特·布朗渠道一系列急剧的提升，后逐渐降落，有些大瀑布重现活力为水力发电厂使用。

⊖ 1 英里 =1609.344 米，后同。

私人环境咨询公司按照《国家环境政策法案》（NEPA）的要求，提供全方位服务，以协助三角洲-曼德塔运河与加利福尼亚州水道相互关联的项目。通过建设和运行三角洲-曼德塔运河与加利福尼亚州水道的连接，该项目旨在改进中央河谷的运营和维护能力，以更好地满足该地区的供水需求。这家咨询公司编制了环境影响评价（EIS），解释这项研究的结果，并帮助制定符合水资源部的加利福尼亚州环境质量法（CEQA）及圣路易斯和三角洲-曼德塔水务局的要求。它还必须与长期运营、生物学意见和应用许可等相协调。为了在决议（ROD）规定的最后期限2009年前完成环评报告，咨询顾问公司必须维持与水资源部、三角洲-曼德塔水务局、美国内政部的密切合作。

为履行其义务，环境顾问不得不几乎每天解决伦理困境，包括举行定期的公开听证会，提出他们对这些问题的正反主张。北加州的水权和水道经过的产权均是主要问题。项目组为了解决这些难题几乎每天都开会。当然，满足国家法律和合同约定的时间期限，需要一些技巧和纪律才能实现。为完成对环境影响报告书、报告材料或决议的准备工作，全面的知识和法规，以及出色的辩论能力都是必需的。

参考文献

1. King James Bible, Genesis 1:26–28.
2. Peter Singer, *Writings on an Ethical Life* (Manhattan, NY: Eco Press of Harper Collins, 2000), p. 88.
3. King James Bible, Genesis 6:5.
4. King James Bible, Genesis 9:2.
5. Wikipedia, s.v. “Moral Status of Animals in the Ancient World,” last modified April 30, 2012, http://en.wikipedia.org/wiki/Moral_status_of_animals_in_the_ancient_world.
6. Peter Singer, *Practical Ethics* (Cambridge: Cambridge University Press, 1993), p. 267.
7. A. Vesilind, S.P. Morgan, and L.G. Heine, *Introduction to Environmental Engineering*, 3rd ed. (Stamford, CT: Cengage Learning, 2009), p. 71.
8. Singer, *Ethical Life*, pp. 93–94.
9. Wikipedia, s.v. “Pigovian Tax,” last modified December 11, 2012, http://en.wikipedia.org/wiki/Pigovian_tax.
10. Wikipedia, s.v. “Tragedy of the Commons,” accessed December 2012, http://en.wikipedia.org/wiki/Tragedy_of_the_commons.
11. Wikipedia, s.v. “Nature of the Firm,” last modified November 30, 2012, http://en.wikipedia.org/wiki/Coase_theorem.
12. William J. Baumol, “On Taxation and the Control of Externalities,” *American Economic Review* 62, no. 3 (1972): 307–322.
13. Thomas J. Miceli, *The Economic Approach to Law*, 2nd ed. (Palo Alto, CA: Stanford University Press, 2008), chap. 6, accessed December, http://www.sup.org/economiclaw/?d=Key%20Points&f=Chapter%206.htm.
14. UN World Commission on Environment and Development, *Our Common Future*,

Brundtland Report (United Nations, 1987).
15. R.M. Solow, "On the Intergenerational Allocation of Natural Resources," *Scandinavian Journal of Economics* 88, no. 1 (1986): 141–149.
16. P.R. Koutstaal, "Tradeable CO2 Emission Permits in Europe: A Study on the Design and Consequences of a System of Tradeable Permits for Reducing CO2 Emissions in the European Union" (PhD diss., University of Groningen, 1996), p. 17, http://www.unicreditanduniversities.eu/uploads/assets/CEE_BTA/Dora_Fazekas.pdf.
17. Wikipedia, "Nature of the Firm."
18. W. Kip Viscusi, "Monetizing the Benefits of Risk and Environmental Regulation," *Fordham Urban Law Journal* 33, no. 4 (2005): 1003, http://ir.lawnet.fordham.edu/ulj/vol33/iss4/2.
19. W. Kip Viscusi and Ted Gayer, "Safety at Any Price," 1, 2-Dichloropropane in drinking water, p. 58, accessed May 2, 2013, from http://www.cato.org/sites/cato.org/files/serials/files/regulation/2002/10/v25n3-12.pdf.
20. U.S. Office of Management and Budget, *Report to Congress on the Costs and Benefits of Federal Regulation*, EPA Clean Air Act Section 812 Cost Benefit Analysis (1997).
21. Scott J. Callan and Janet M. Thomas, *Environmental Economics and Management* (Cincinnati, OH: Thomson Southwestern, 2010), p. 159.
22. The Association of Insurance and Risk Managers, The Public Risk Management Association, and The Institute of Risk Management, *A Structured Approach to Enterprise Risk Management (ERM) and the Requirements of ISO 31000*, accessed December 2012, http://www.theirm.org/documents/SARM_FINAL.pdf; George L. Head, *Risk Management for Business Executives* (Dallas, TX: The International Risk Management Institute, 2009); Ram Ramanan, "Corporate Carbon Risk Management—A Strategic Framework," *Environmental Manager*, October (2010):. 20–23; Ram Ramanan, "Corporate Risk Management Strategies" (presentation at the 15th World Clean Air Congress, International Union of Pollution Prevention and Environmental Protection Association, Vancouver, Canada, September 12–16, 2010); Ram Ramanan, "Outsourcing Divides Owner's Risk for Remediation Projects," *Hydrocarbon Processing* 78, no. 5 (1999): 101–108; Ram Ramanan, "Environmental, Safety and Health Costs and Value Tracking" (presented at the Townley Global Management Center for Environment, Health and Safety; New York: The Conference Board, 1998).
23. Ibid.
24. International Organization for Standardization, *Risk Management—Principles and Guidelines*, ISO 31000:2009 (Geneva: ISO, 2009).
25. Ibid.
26. Roger Marin and Alison Kemper, "Save the Planet—A Tale of Two Strategies," *Harvard Business Review*, April 2012, pp. 49–56.
27. "The Revenge of Malthus," *The Economist*, August 6, 2011, http://www.economist.com/node/21525472?fsrc=rss|fec.
28. Wikipedia, s.v. "Carl Rogers Darnall," last modified September 27, 2012, http://en.wikipedia.org/wiki/Carl_Rogers_Darnall 1910.
29. Barbara Kerr, "Solar Cooker Inventor," accessed December 2012, http://solarcooking.wikia.com/wiki/Barbara_Kerr 1970.
30. Rachel Carson, *Silent Spring* (Boston: Mariner Books, 2002), accessed December 2012, http://www.goodreads.com/work/quotes/880193-silent-spring.

31. Wikipedia, s.v. "Environmental Journalism," last modified December 16, 2012, http://en.wikipedia.org/wiki/Environmental_journalism#Environmental_advocacy.
32. NOAA, "A Paleo Perspective on Global Warming," accessed December 2012, http://www.ncdc.noaa.gov/paleo/globalwarming/paleolast.html.
33. Ram Ramanan, "Corporate Carbon Risk Management—A Strategic Framework," *Environmental Manager*, October 2010, p. 20; Ram Ramanan, "Climate Hot Spots: Analyzing Emerging US GHG Programs" (IHS Forum, San Francisco, CA, September 2007); Ram Ramanan, "A Response to the US Climate Change Debates from a Refinery Perspective," *Hydrocarbon Engineering*, November 2007.
34. Jeffrey Frankel, "Global Environmental Policy and Global Trade Policy—Harvard Project on International Climate Agreements," accessed December 2012, http://belfercenter.ksg.harvard.edu/publication/18647.
35. Ramanan, "Corporate Carbon Risk Management."
36. Securities and Exchange Commission, "Commission Guidance Regarding Disclosure Related to Climate Change," 17 CFR Parts 211, 231, and 241 (release nos. 33-9106, 34-61469, FR-82) (2010).
37. U.S. Energy Information Administration, "Energy Related Carbon Dioxide Emissions," accessed December 2012, http://www.eia.gov/FTPROOT/forecasting/0484%282011%29.pdf, p. 142.
38. U.S. Energy Information Administration, "Primary Energy Consumption by Source and Sector, 2011," accessed December 2012, http://www.eia.gov/totalenergy/data/annual/pdf/sec2_3.pdf, p. 37.
39. U.S. Energy Information Administration, "Energy Related Carbon Dioxide Emissions", accessed December 2012, http://www.eia.gov/FTPROOT/forecasting/0484%282011%29.pdf, p. 139.
40. Nathan S. Lewis and George L. Argyros, "Focus on Next-Generation Solar Energy Technology" (ANSER inaugural meeting held February 12–13, 2008, at Northwestern University in Evanston, IL), accessed December 2012, http://www.anl.gov/articles/symposium-focus-next-generation-solar-energy-technology.
41. Michael R. Wasielewski,* Clare Hamilton Hall Professor of Chemistry, Northwestern University, and Director, Argonne-Northwestern Solar Energy Research (ANSER) Center, and Tobin J. Marks,* Vladimir N. Ipatieff Professor of Catalytic Chemistry and Materials Science and Engineering, Northwestern University (*both PhD advisors of coauthor Ramanan's daughter Charusheela Ramanan), private conversations with coauthor Ramanan.
42. Jim Rogers, CEO Duke Energy (plenary key note speech at the PANIIT Conference on Entrepreneurship and Innovation in the Global Economy, Chicago, October 11, 2009) (also private conversations with coauthor Ramanan).
43. U.S. Environmental Protection Agency, "Summary of the Toxic Substance Control Act," last modified August 23, 2012, http://www.epa.gov/lawsregs/laws/tsca.html.
44. U.S. Environmental Protection Agency, "Toxic Release Inventory," last modified November 29, 2012, http://www.epa.gov/TRI/.
45. U.S. Environmental Protection Agency, "Hazardous Waste Regulations," accessed December 2012, http://www.epa.gov/osw/laws-regs/regs-haz.htm, and FIFRA, http://www.epa.gov/lawsregs/laws/fifra.html.
46. U.S. Environmental Protection Agency, "Cleaning up the Nation's Hazardous Waste Sites," last modified November 16, 2012, http://www.epa.gov/superfund/.

47. European Commission, "REACH," last modified September 14, 2012, http://ec.europa.eu/environment/chemicals/reach/reach_intro.htm.
48. Basel Convention, "Basel Convention on the Control of Transboundary Movements of Hazardous Wastes and Their Disposal," accessed December 2012, http://www.basel.int/.
49. Wikipedia, s.v. "Biodiversity," accessed December 2012, http://en.wikipedia.org/wiki/Biodiversity.
50. International Union for Conservation of Nature, "Improving Knowledge on Biodiversity and Ecosystems," accessed December 2012, http://www.iucn.org/about/work/programmes/business/?6230.
51. Paola Cavalieri and Peter Singer, eds., *The Great Ape Project: Equality beyond Humanity* (New York: St. Martins Griffin, 1993), p. 152.
52. Millennium Ecosystem Assessment, "Ecosystem and Human Well-Being," accessed December 2012, http://www.millenniumassessment.org/documents/document.354.aspx.pdf. Page 29.
53. Wikipedia, s.v. "Species Richness," last modified December 12, 2012, http://en.wikipedia.org/wiki/Species_richness.
54. European Communities, *The Economics of Ecosystems and Biodiversity* (Cambridge: Banson, 2008), accessed December 2012, http://ec.europa.eu/environment/nature/biodiversity/economics/pdf/teeb_report.pdf.
55. Convention on Biological Diversity, December 29, 1993, 1760 U.N.T.S. 79, accessed December 2012, http://www.cbd.int/doc/legal/cbd-en.pdf.
56. Convention on Wetlands of International Importance Especially as Waterfowl Habitat (Ramsar), December 21, 1975, 996 U.N.T.S. 245; Convention on International Trade in Endangered Species of Wild Fauna and Flora, July 1, 1975, 993 U.N.T.S. 243, accessed December 2012, http://www.cites.org/; Convention on the Conservation of Migratory Species of Wild Animals, June 23, 1979, 1459 U.N.T.S. 362, accessed December 2012, http://www.cms.int/.
57. Ibid.
58. International Union for Conservation of Nature, "Business and Biodiversity Programme," last modified February 17, 2009, http://www.iucn.org/about/union/secretariat/offices/rowa/iucnwame_ourwork/business___biodiversity_programme_/.
59. International Union for Conservation of Nature, "The Red List," accessed December 2012, http://www.iucnredlist.org/.
60. Wikipedia, s.v. "California Aqueduct," last modified November 30, 2012, http://en.wikipedia.org/wiki/California_Aqueduct.
61. Ibid.

第 3 章

环境伦理与企业管理

3.1 企业社会责任演变

上市公司的角色和“社会契约”的性质，在过去的两个世纪一直在变，但最近几十年却以更快的速度发生改变。“在过去十年爆出了大量的企业丑闻，尤其在最近全球金融危机和环境灾难之后达到高峰，都强调伦理道德、环境友好、对社会负责和领导力，对于个体和社会长期生存和成功的重要性”。今天，不容忽视的是商业氛围和社会契约产生了巨大变化，企业必须采取措施来应对。这种社会变化的主要驱动力，是认识到商业已不再是极少数人唯一的财产或利益。值得注意的是，利益相关者之间的同步互动，也在这个变化中起着显著作用。

今天，更多地认为股东仅是许多利益相关者之一，并且有从股东为中心向利益相关者为中心一致和持续地转变的趋势。最近的《CEO》调查报告明确表明，可持续发展已成为领先的公共和私人股权企业战略的核心组成部分。最近的一项研究表明，致力于环境、社会和治理（ESG）表现的公司的市值，在金融市场取得了高于平均水平的回报。彭博社增加环境、社会和治理（ESG）指标，度量服务于一群快速增长的具有社会责任感的投资者。

在刚刚过去的两年中，《哈佛商业评论》的几篇重要文章都集中在可持续发展、伦理学和企业社会责任。哈佛大学战略大师波特，推出了“创造共享价值”和“高级资本主义形式”的创意。越来越多的领导人认识到这一重要事项，并且存在有高级形式的资本主义。与此同时，企业的角色从满足社会契约，向通过创造共享价值来获得实实在在的经济利益转变。拉姆那有效地捕捉到了这些概念的影响，特别是在环境道德教育和培训情形下。

在当今的全球环境中，社会需要稳定的市场，企业领导人必须解决好贫困、饥饿、可持续发展和道德等问题。道德问题包括贿赂、欺诈、漂绿和腐败文化。

企业领导人要管理好企业社会责任，并将其整合到他们的全球战略，而不是把它当作只是一种道德义务或风险/信誉管理测试练习。他们还必须管理好透明度、责任心、所有者参与、伦理文化和社会创新等来建立新的竞争力，这是企业在下一轮经济浪潮中成功的关键。

此外，随着世界变得扁平，它吸引了大量贫穷和才智未开的人群进入市场，并给处于金字塔底部的人提供了一个机会。不仅给金字塔底部的人提供了恰当的事情可做，也是一个获取经济财务的机会。财富差距的日益扩大增加了风险，然而包容性可显著地促进世界和谐与发展。包容性不仅仅由善良或做个好人的纯粹欲望来驱动，对于长期生存也是必要的，而且是一个良好的商业实践，也是各国政府和私营公司合作为人民服务谋利益的机会。

最后，在环保方面，政府和企业都面临着大量不断扩张的，横跨实体、金融、地缘政治和社会关注等问题的管理挑战。环境问题是社会政治的选择，要求“平衡索洛创新与马尔萨斯节制”。拉姆那强调在商学院培养未来的领导者和决策者，开展可持续发展教育的必要性，他提出“强烈呼吁绿色 MBA”，指出：随着市场（监管者、投资者、融资者和消费者）越来越重视可持续发展这个因素，企业可持续发展报告由自愿转向必不可少。企业的进步，使我们对企业进行跟踪和改造可持续性表现变得可行。这些看似非经济影响的因素，是可持续发展与企业战略之间的关键环节。领导者需要深入了解如何确定哪些环境指标对他们是重要的，并与他们的业务有关。

3.1.1　企业社会责任的出现

企业社会责任的起源，通常由于某企业做出了不受欢迎的行为或产生了不良的社会后果，政府部门、非政府组织的积极分子和媒体，使得公司对其社会后果负责。同时会使得大量民众情绪激动和采取过激行为，导致各种形式的消费者游行抵制、法律诉讼和股东大会。社区群体呼吁拿出行动，政府部门强制要求公司披露道德、社会和环境风险，采取行动防止类似事件再次发生，并减轻其不良的社会后果。

有关企业社会责任的争论在过去十年中有所加剧。波特对“企业为什么要承担社会责任?”这个问题，给出了简单而易于理解的答案。早期的观点认为，企业社会责任就是做“好人好事”道德上的义务，这是难以维持长久的，因为要求公司做决策时平衡竞争性的价值（例如，是补贴今天的药物还是选择投资未来的医疗）。他接着指出，用经营许可的观点来解释难度也较大，社区组织为换取就业、税收收入、产品和服务，允许公司在一定范围内经营和利用有关资源，这种做法也有很大的局限性。政府通过行政许可途径干预解决外部问题一直以来比较有效，如要求进行环境和社会影响评估。该方法一个必然举动是咨询和征求利益相关者的意见。然而，满足利益相关者的需求获得他们的许可，有很大的潜在危险：由于利益相关者和群体的激烈反对，很容易导致公司取消企业社会责任的有关事项。一个有预谋和善于游说的利益集团，很容易以损害社会公平为代价，得到他们想要的。

建立企业形象和品牌的忠诚度是非常珍贵的，它被认为至少是一个比较成功的推动企业社会责任行为价值的手段。我们经常发现，企业声誉是获得消费者的购买偏好或在公司危机情况下缓减民众情绪的保证，甚至在学术和产业贸易的文献中也有记载。有一个被污染的产品流入市场的案例，例如泰诺事件，但因为强生作为一个负责任的公司，具有良好的公众认知，很快平息了消费者的负面反应。虽然有许多传闻来支持这种平息公众过激反应的事件，但仍然无法确定与“做好事”存在相关关系。做好事有助于公司遭遇危机的情况下消除负面反应，其相关性是含糊不清的，并没有确凿的证据表明其因果关系。此外，卡拉尼指出，许多企业拒绝做出根本性的转变，而往往沉迷于包装和漂绿。

最后，企业可持续发展是理性的自利主义者，通过避免削减短期的社会或环境成本，以确保长期的经济表现。可持续发展一个广为引用的定义是“既满足当代人的需求，又不损害后代人满足其需求的能力”。可持续性经常被引用的其他解释包括“理性的自利主义者，通过竞争，实现了经济、环境和社会等三重底线的统一”。波特批评此术语模糊不清，缺乏明确性，因为必有的“交易”仍然不确定。当企业三重底线的目标一致时，企业可持续发展行动就是成功的、可能的，也是可行的。例如，能源节约既可以节省资金，又可以降低排放，还可以服务更多的社会成员。但在这个模型中有一个巨大的缺陷，没有明确的框架来验证交易和衡量价值。

波特认为，企业应优先考虑解决与公司核心业务相关和增加他们价值的社会问题，且只致力于那些与他们竞争优势一致的社会问题。而一般的社会问题——对公司经营没有显著影响和其解决实质上不影响其长期竞争力（如银行碳排放）——不应该被解决。另一方面，价值链的社会影响更加相关，其对公司运营的日常业务产生显著影响（例如 UPS 送货车队的碳排放量）。更为重要的是，竞争环境中的社会维度——外部当地环境的相关事务，如消费者偏好或地方法规，可能会极大地影响一个公司当前或中期的竞争力（例如丰田汽车的碳排放量）。

在确定了重点领域之后，企业社会责任的实施——做个好人，确保不伤害和减轻损伤——是注定的。这可能会高于法律规范，例如，企业可以在标准要求较低的地区，采用更加严格的环保标准。这在石油和天然气等行业的大型企业，以及众多大型跨国公司中比较普遍。这与他们需要保护自己的形象，并最大限度地减少追责是相一致的。从被动响应到战略企业社会责任的转变，是专注于双赢的努力，通过加强社会方面的战略性投资来增强竞争力，有利于社会。但卡拉尼接着说，这显然是企业的当务之急，称之为战略企业社会责任是用词不当。

3.1.2 企业社会责任从基础性到战略性的转变

一般来说，资本主义和美国梦都认为“贪婪”是一个健康的特质。“贪婪是好事——标志着人类上升的浪潮”是早期商业时代的口头禅。这句口头禅以及对股东利益至上的痴迷，带动了早期企业家对增加私人收益和降低社会成本的努力。贪婪遍布于整个商业活动，包括管理人员、公司、银行和金融市场。正如本书的 1.1 节所讨论的，由于受贪婪驱动的行为的速度和规模急速增长，产生了潜在的灾难。安然公司的高管，在公司垮掉之前，平均奖金为 5000 万美元，然而解雇员工时遣散费仅为 5000 美元。美国公司作为法人授权以致力于追求股东利益，体现了企业的贪婪，虽然在公司法中没有这样明确的授权。由不良资产引发的金融海啸，表明银行的贪婪在放松管制后不久达到高峰。最后，金融衍生品被称为“华尔街核中子”，他们是投机性的赌注，其中大部分交易是实体经济之外的投机买卖。就像维瑟所说的那样：“投机者可能是无害的，就像泡泡对于稳定流动的企业。但企业由于投机活动变成漩涡中的泡泡时，其后果是严重的”。在贪婪阶段企业利益相关者的唯一目标是股东。

企业慢慢从单纯的贪婪演变成某种形式的慈善事业，并意识到财富越大责任越大。企业应回馈和反哺社会。座右铭是，首先变得富有，然后才变得慷慨(赏赐的力量)。在过去的一个世纪，出现了很多标志性的慈善领袖。标准石油公司的创始人约翰 D. 洛克菲勒，坚持回馈社会，并分享胜利果实。他的方法是所谓的先富后慷慨——首先挣很多钱，在留下一笔遗产后，将这些财富慷慨捐赠。钢铁大王安德鲁 · 卡内基，有个三段式名言：①获得尽可能多的教育；②挣尽可能多的钱；③拒绝一切理由。慈善机构——慈善捐款直接来源于商业利润，类似于联合劝募会——自 20 世纪初以来就存在。比尔 · 盖茨和梅琳达 · 盖茨夫妇、沃伦 · 巴菲特均是当前企业慈善事业的偶像。多年来，企业慈善事业更加专业化，但慈善资本主义——企业努力通过做好事来变得更好——不能产生资本主义的卓越典范。比尔 · 克林顿总统要求克林顿全球倡议实验室来检验慈善资本主义的思想。他说：“21 世纪给人们带来了前所未有的财富……推进公益事业……但因为气候变化和不可持续，我们相互依存的世界依然不平等、不稳定。”它未能扭转全球环境、社会和道德的有关趋势，相反，它实际上可能使我们从真正系统的可持续性和责任中偏离。

最近一个现象是公益创投——企业基金会可以通过监控他们的投资来提高效率，同时提供足够长时间的管理方面的支持，直到这些企业能独立自主发展。

其他新兴模式包括传统基金会高层资助，企业基金金由高净值个人资助，而所有投资项目是通过专业人士完成。另外一种是合作伙伴模式，合作者和个人捐赠金融资本，并与受助者一起共事，其目标是通过慈善捐助活动使得社区团体变成利益相关者。

在市场经济时代，思想观念也被认为是财产，声誉和品牌作为最重要的因素，企业社会责任对公共关系来说就像是上天赐予的礼物。漂绿，通过游说反对公共利益，有他自己的生命力。一个经典的伦理道德失败案例，是烟草业使用掩饰手段，通过展示强壮运动员的抽烟，隐藏吸烟对健康的负面影响。另一个例子，是持相反意见的科学家和受工业界资助的智库，质疑气候变化。毫不奇怪，参与推广烟草和质疑气候变化问题是同一群人。富兰克林说，“许多公司假装自己的可持续发展战略走得更远……这需要更少的误导和更多的重新思考”。在企业社会责任的初级阶段，公共关系应深入普通民众中，尤其是消费者和投资者。

企业在进行管理时，要根据企业的核心业务和竞争战略，确定企业社会责任的优先级。这要求在管理体系中引入企业社会责任，为自愿的企业社会责任设置了门槛，让部门和管理人员制定企业社会责任的典型案例。通过这样做，使得股东和激进的非政府组织成了目标利益相关者。确定企业社会责任方向的建议指南是卡罗尔的“加权企业社会责任金字塔”：盈利的、合法的、道德的和慷慨的。

维瑟指出，这一切是由于企业社会责任从不重要到不经济的转变。然而，多数企业社会责任不满足需求，他呼吁在这个强化企业责任的年代，要建立系统性的社会责任。从宏观角度来看，企业社会责任已经从慈善性、偶像驱动和标准化转变到讲究协作、基于回报和可扩展，包括创新的伙伴关系、利益相关者参与、社会企业家精神以及实时综合报告。在微观层面，已经从慈善项目、产品责任和用户至上，转变到以服务于“金字塔”底部、社会化企业、等级评分和数据流。

3.1.3 服务和寻求来自金字塔底部的财富

自20世纪90年代起，密歇根大学罗斯商学院的波拉达及其共同研究者，主张企业在金字塔底部（BOP）消除贫困和饥饿过程中寻求财富。有40多亿人生活在贫困线以下，但同样需要产品和服务。波拉达说，“低收入市场为世上最富有的公司展现了惊人的机遇——寻求他们的财富，为有抱负的穷人带来繁荣”。全球产能过剩以及其他层次的激烈竞争，使得这成为一个很具吸引力的机会。事实上，当收入和财富处于最贫穷的阶层，开始意识并渴望获得产品和服务时，对跨国公司产生了巨大影响。这是一个巨大的未开发的市场，跨国公司需要提供在价格上这类人群能够负担得起的产品和服务。

跨国公司在金字塔底部获取财富的策略，包括完全不同的价格体系，也就是说新产品开发、制造和分销，基于购买力下降给出全新的价格结构。恶劣的生产条件和大幅降低的价格导致完全不同的产品质量。低价导致低质，在价格-质量交易体系中是可以这样做的，但依然要求伦理道德的透明。一些产品可能不需要使用太长时间。盈利能力必须从低利润、高容量和高投资强度的角度重新审视。最后，与全球范围内发生的其他变化一致，必须考虑可持续性——降低能源资源消耗强度，加快可回收利用，使用可再生能源。

卡拉尼反对波拉达的跨国公司在金字塔底部寻求财富和消除贫困的激进做法。卡拉尼认为，穷人是弱势群体，缺乏教育而且信息不灵通，常常做出不符合他们利益的选择。穷人容易被利用，因此他推荐了金字塔底部的替代战略。他同意诺贝尔经济学奖获得者阿马蒂亚·森的观点，即“一个人的效用偏好是可塑的，通过一个人的背景和经验来形成，特别是如果某人处于不利地位。我们需要超越表达喜好和专注于人的能力来选择他们有理由珍惜的生活”。“金字塔底部的方式，依赖于自由市场这双无形之手来消除贫困……相反，应扩大国家这双有形之手来消除贫困”，卡拉尼说。

这是一个市场失灵的例子，需要法律法规和社会机制来保护消费者的权利。卡拉尼建议，私营部门应将穷人视为生产者，创造出劳动密集型的就业岗位，而不是将他们作为消费者。采用公私合营（PPP）的模式来建设基础设施，特别是在尚不发达的市场，是一个非常明显的趋势。

3.1.4 从企业社会责任向社会影响的转变

上一节介绍了企业社会责任如何从基本需要，演变成势在必行的系统性战略。它突出了企业核心竞争优势和企业社会责任的联系，展示了整合的系统性责任方式的出现如何推动企业价值。在近期的出版物中，波特呼吁从企业社会责任战略转型，重新定义了企业存在的目的是创造共享价值，而不仅仅是利润本身，并提出了企业追求的新底线——带有社会责任的利润追逐，代表资本主义的高级形式。他定义了创造共享价值的概念，即“政策和运营实践提高公司的竞争力，同时在其运作下，推动社区经济和社会条件进步”。

创造共享价值不仅仅是简单的慈善事业、可持续发展或履行社会责任，而是一种新的方式来实现满足社会需求的经济上的成功，其中，不仅仅是传统的经济学定义，市场和社会的危害被认为对于公司来说是内部成本。创造共享价值的一个基本原则是，无论社会和经济进步必须采用价值原则，价值定义为相对于成本的效益。企业有许多方法来创造价值，包括重构产品、市场和商业模式。典型例子包括提供更有营养的食物；利用数字智能（例如IBM公司）以减少消费者的用电量和降低成本（例如实行差别阶梯电价）；减少使用过量的能源、自然资源或水；生产出健康、环保的产品；通过网络来传递书籍、杂志、软件、音乐和电影（例如 Netflix 公司），减少材料消耗和降低支出。此外，商业实践鼓励通过价值链来创造伦理价值，同时可以根除社会危害和降低企业成本，如不排斥小型供应商——排除他们会损害公司的采购，相反，给他们提供生活工资，在公司所在位置建立支持性产业集群，打造开放和透明的市场环境。采用这些策略，促进了更好的质量和效率，确保供应链长期的可持续性和可靠性。建立经济和社会发展的良性循环，也会孕育新的企业和增加熟练技工。

正如在前面的章节中讨论的，商业氛围和社会契约近几十年发生了显著改变。企业必须认识到竞争优势和社会问题之间的密切联系。公司生产效率和盈利能力与环境影响（例如公司的业务都依赖于自然资源——供应可能不会持续太久，如果他们沉迷于不可持续的捕鱼或伐木，如果自然可能无法补充过度损耗的资源），供应商准入和活力，员工的技能、健康和安全，以及资源使用（例如水、能源和稀土）等密切相关。波特把企业社会责任和创造共享价值做了很好的对比：价值被重新定义为相对经济和社会的成本创造的利益，而不是做好事。其目标从个人的慈善事业、可持续发展，转到联合企业和社区创造价值。采取行动的驱动力从响应于外部压力，转到作为竞争力的组成部分，该活动对利润最大化变得不可或缺。此外，其不再受企业历史包袱的影响，以及企业社会责任专项预算的限制，将在整个公司预算范围内进行调整。最后，外部报告和个人喜好并不决定议题，议题由公司明确和内部产生。政府通过适当的管制，可鼓励企业创造共享价值，并避免经济和社会目标之间不健康的交易。

金融部门关注于社会责任的投资正在快速增长，它已经从 2007 年的 2.7 万亿美元增长为 2010 年的 3 万亿美元，这一领域的投资者非常希望投资于已纳入道琼斯可持续发展指数或富时社会责任指数且排名靠前的公司。我们认为从创造共享价值（CSV）到创造社会影响（CSI）已经前进了很大一步。有一类充满年轻活力的领袖——对社会事业充满激情的社会企业家，热衷于制造社会净影响——他们想要做好事而且也做得很好。

3.2 做出伦理决策的框架

3.2.1 非伦理行为——为何会在组织中出现

西姆斯基于 60 篇《华尔街日报》的文章，列出了 12 种在企业中常见的不道德行为，包括窃取、说谎、欺骗、收买行贿、隐藏或泄露数据、作弊、低标准工作、人际关系或组织滥用、注意到不符合法律要求或违规行为而不报告、在道德困境情况下武断专行进行选择。下面列出了每一个专业人士或经理，可能面对的常见的不道德情形。

1）窃取——为赢得某份咨询业务而袭击其他咨询公司的专家雇员。

2）说谎——为在更严格的监管要求和污染控制设备的情况下保留资格，而进行歪曲陈述。

3）欺骗——使用漂绿广告误导消费者。

4）收买行贿——行贿以加快环境许可证的通关。

5）隐藏或泄露数据——例如隐藏烟草对个人健康的影响。

6）作弊——为赢得合同采用缺乏经验且无资质的工程师或夸大专长。

7）低标准工作——提供不完整或欠佳的报告，以便满足预算和成本的限制。

8）人际关系滥用——对举手之劳邀功。

9）组织权力滥用——对无关紧要的技术推迟核发许可证。

10）违约行为——用歪理邪说进行解释以免除监管。

11）助纣为虐——当客户拒绝停止排放有毒物质时没有揭发。

12）左右为难——你的客户的律师指出在咨询合同的保密条款中，规定释放有毒物质时不得向政府机构报告（见 4.2.2 节）。

3.2.2　伦理决策——典型特征

影响伦理决策的三个特质：发现问题和评估后果的能力、寻求不同意见并决定什么是正确的自信、当这个问题还没有明确的解决方案时作出决定的意愿。个人素质的发展取决于其内在人格，以及在决策时道德发展所处的阶段。人们有可能是宿命论的，或者相信是选择而不是机遇，导致此种后果。另一个显著人格特质是马基雅维利主义——愿意尽一切力量来实现目标。有这种特质的人愿意操控他人，与甘地完全不同，马基雅维利主义相信结果能替手段辩护。最后，人们道德发展的认知阶段，可能受到组织和个人的影响。早期起步阶段通过奖励和惩罚形成，这一阶段的重点是在他人的期盼中成长，包括父母、同事和社会。在成熟阶段，人们开始认识到和接受不同的价值体系，并开始变得自信，往往会坚持自己的选择。社会通过基于正义与公平的社会契约来定义对和错。通常，人们也执迷于自我选择的伦理或道德的标准。

有助于个人在工作场合做出道德决策的另一因素，是行动后果的道德强度；个人同情、知识、智力和情感能力，使人一眼就能识别出对利益相关者产生潜在的影响，以及对业务和工作环境的影响。例如，用办公室的电脑发送个人电子邮件，不可能被看作是不道德的。一些人比其他人更能够理解一个问题更广泛的影响。例如，污染场地的自然降减修复，具有该领域专业知识的人可以更好地理解。他们认为这种补救方法既可以很好地利用社区资源，而且会降低健康风险。然而，并不意味着该个体是更道德的和做出更符合伦理的决策。例如，某人可能是环保人士，要求该公司对污染负责，付出更多来进行修复；某人也可能是根据合同提供修复工作的环境顾问，选择自然降减减少了合同工作量，因此可能导致该环境顾问选择不怎么道德的开挖、移动和处置污泥，以获得额外的工作合同和补偿。

组织的道德氛围对个人施加间接或直接的压力，并影响决策过程。通常情况下，个人会接收到有关道德的矛盾和混乱的信息。有个关于社会规范和组织实践之间存在差异的例子：在家庭的公开和诚实，与在工作场所的隐秘、欺骗相冲突。例如，在参加环保咨询服务竞标时，试图欺骗竞争对手或出低价以赢得合同。在学校和足球场上，人们被多次劝告遵守规则。与此形成鲜明对比的是，想要快速上升的马基雅维利经理人"尽一切可能，并把工作做好"的心态。在咨询项目中，无论是在公司或是大学，当一个人听说应在预算年度结束前用完这笔钱否则就收回时，立马把从家政学中学到的严格控制在预算之内的教导抛出窗外。在学校里，老师告诉你要承担社会责任，志愿服务社会，更加努力工作。但在现实工作中，你经常观察到你的上司通过引诱你成为团队人员而把责任推给你，一旦任务完成，他们将功劳据为己有。经常看到此类人成功和升职，很明显会驱使你也这样做。

西姆斯借鉴赖登巴赫的道德发展金字塔，发现组织和个人道德成熟度之间的相似性。有趣的是，卡罗尔的企业社会责任金字塔与此颇为相似，具有大致相当的标准。伦理文化的成熟，使早期重点放在盈利能力和痴迷股东本位的道德，转移到遵守法律上来，可以理解为，如果它是合法的就是道德的。下一个阶段称为回应，包括寻求社会责任，只要它这样做是符合公司最佳利益的，这与波特的战略企业社会责任是一致的。接下来的两个阶段被称为新兴伦理和发达伦理，伴随着承诺规范和伦理原则，来平衡利润和道德正在进行中。这与波特的创造分享价值和维瑟的系统性企业社会责任相对应。无论是哪个阶段，企业文化起到重要作用，西蒙提供了在组织中，对个人进行道德决策过程影响程度各不相同的9大类特质，它们受自我、仁慈、信念驱动。个人自我利益、企业利益和经营效率是自我驱动的氛围。仁慈氛围促进了个人友谊、团队利益和社会责任。组织的道德氛围，基于信念位于金字塔的顶端，导致产生了个人道德/伦理、规则、标准程序、法律和职业守则。

3.2.3 群体思维——功能失调现象

"群体思维是发生在群体中的一种心理现象，在做决策时渴望趋同的心理掩盖了事件的真实性"。这是维持当今世界和谐的一个非常强大的力量。有关组织机构特别是公司，在当前进行道德决策过程中，群体思维的作用一点都不夸张。当道德规范性定义为一系列绝对价值观时，价值观的描述性定义，是指一群人在某个特定时间点认为其是正确的。价值观的描述性定义与目前组织机构特别相关并进一步讨论集体思维等问题。“道德体系包含价值观、道德、规范、习俗、身份、机构、技术以及心理机制等系列内容，共同抑制或调节自利思想，使社会合作成为可能”。

海德特抓住了群体思维会面临“道德约束人，也让人盲目”的问题。人类在战略上是利他的：如 90% 的黑猩猩和 10% 的蜜蜂具有无私奉献和团队精神。然而，把人放到一个团队中，和谐相处和不捣乱是被组织同化和接受的前提，与组织意见不合是令人气馁的，这也解释了美国两党政治体制的两极分化。每个政党认为它拥有道德优越感，民主党人包括伦理决策中针对同情弱势群体的 6 大显著特征中的 3 种：正义与公平、关爱、公民美德和公民权；另一方面，共和党人则松散地涵盖其他 3 种与个人自由和正义相关的支柱性特征：诚信、尊重和责任。

群体思维被詹尼斯描述为一个功能失调的过程，西姆斯提供了一组发现和避免功能失调有价值的症状：将正常的伦理决策过程与心神不安的群体思维区分开。其症状主要包括一系列的幻想、群体道德、全体一致和刀枪不入的错觉，导致没有对伦理道德进行复审。因为同伴的压力，导致拒绝不同意见，对新信息进行选择性接收，成员沉迷于合理化和自我深思，领导者积极保护组织免受任何的外部负面反馈。这提供了一种已选择正确路径的错觉，没有人调查其对利益相关者的影响，或存在其他更好解决方案的可能性。

3.2.4　伦理决策框架的演变

3.2.4.1　早期尝试——四通测试（1932 年）

宗教，就像在本书中其他地方讨论的，一直以来都在追求绝对的道德和伦理。哲学家苏格拉底呼吁，在追求之前首先得知道什么是“善”。柏拉图按照阶层给人类分配基本美德：统治者是谨慎或智慧的、战士是勇敢或刚毅的、工人是节制或适度的，而所有阶层都追求公正。

企业团体正式的道德决策过程早期尝试始于 1932 年，使用 11 年后，国际扶轮社将其作为道德规范准则。这既简单又优雅，并经受住了时间的考验。如果每个决定经历了以下 4 个方面的拷问，其必定是符合伦理道德的：

1）是否真实？

2）是否对有关各方公平？

3）是否会提高声誉？

4）是否对有关各方有利？

3.2.4.2 检查企业决策的伦理（1981年）

纳什将个人道德期望和企业气质进行了区分。她把企业气质置于道德和柏拉图美德中间，符合社会契约重点在于避免危害社会的要求。她制定了一套对企业主管进行伦理调查来说，很容易理解也非常务实的12个问题。我们将12个问题均加上了可持续发展的背景。

1）问题定义准确吗？重点应放在真实性和中立性，而不是试图花言巧语地包装团体或个人的道德。比如呈现经有意筛选后的环境数据以鼓吹严格监管。

2）换个角度将如何定义这个问题？呼吁脱离自身利益站在对方（利益相关者）角度着想，可能会感同身受。长期以来，汽车业拒绝做出任何努力来提升燃油效率。然而，一旦他们认识到年轻消费群体要求更环保的汽车，理性的利己主义开始发力。

3）最早是什么情况？调查历史会提供有关根本原因而不仅仅是症状的线索。不道德行为在不经意间开始，直到成为危机才有可能会意识到。看似微不足道的事件重复出现，往往会指向问题真正的原因。比如最近出现在灾难性的墨西哥湾漏油事件中，工厂无情地削减在安全性方面支出的文化，最终被认为是问题的根源。

4）作为个人和公司的一员，给谁和为何给你的忠诚？忠诚存在冲突是真实的，识别它们仅仅是开始。所有的结构化预防措施，无论是政府授权，还是行业或企业标准，均是不够的，除非人们有足够强大的诚信意识，把坚守原则置于个人利益之上。为节约成本和获得个人奖金，非法倾倒危险废物就是一个典型例子。这些事情本身就强调了结构化有效道德培训和加强道德培养的需要，也彰显了应该在出现这些情况之前，开展参与式培训研讨会的价值，而不是事后措手不及。

5）做出这个决定的意图是什么？良好的意图不足以证明在一个未知领域做出的决定，可能导致利大于弊。一家石油公司有着惨痛的教训：雇用了当地土著居民，由于当地土著居民没有相关免疫力，不慎导致本可以避免的流行性病毒感冒，其本意是好的——为解决当地人的就业直接雇佣土著人。最后，公司做出负责任的反应，调用所有的急救医疗人员和药物来处理和解决这场流行性感冒。

6）起初的意图与可能的结果相比怎样？这个问题使人们在决策过程中聚焦于两个固有的危险因素——知道未来的结果往往是不可能的，受良好意图驱动而导致过度盲目自信，也是一场灾难。以禁止DDT为例——虽然它可能有助于消除这种化学物质对人类健康的影响，但据称在热带地区如印度，由于缺乏控制蚊子传播的替代方法，疟疾的死灰复燃导致数人死亡。

7）你的决定或行动会伤害谁？这在今天是极为重要的问题。创新和新产品明显超出了我们的能力来管理它们的生产、分配或处置。企业通常只有在遭遇诉讼时才调查潜在的影响——以石棉为例。纳米技术、遗传学、生物学和病毒解毒剂等是未知事件的最好例子。

8）在做决定之前，是否与受影响的各方进行讨论？这是一个很超前的尝试。正如我们今天都知道的赤道原则和联合国全球公约，在资助或许可一个重大项目之前，会向利益相关者披露环境和社会影响的评估过程。

9）你对你的位置很自信吗？虽然现在看来有效，但过很长一段时间之后它将继续有效吗？预算、行政赔偿制度，更重要的是，投机投资者的激励机制通常以一个季度，或者最多一年为限，长期规划要求更长的时间跨度。随着时间的推移，在商业环境中不确定性是不可避免的，今天更是这样，当地球正在变小，制造业和金钱以迅雷不及掩耳之势的速度流动。这将在本书的其他地方进行更广泛的讨论，其对于应对气候变化具有重要意义——带来代际时间框架的问题。

10）你是否能向所有利益相关者和盘托出你的决定而没有感到不安？这在当今世界同步互动频繁是绝对必要的。如今，人们不必等待正式的新闻报道。此外，非金融性指标的综合报告（如社会、环境和治理指标）以及金融因素，正在成为一个全球性标准。正如股神巴菲特曾经说过，建立声誉需要20年，但在今天这种环境中约20分钟内就可以失去它——只有到那时候，你才发现你本来是有名声的。企业社会责任报告和披露运营材料风险，正日益成为大多数发达经济体的官方强制要求。

11）无论是否被理解，你行为的象征性潜力是什么？企业在社会中所扮演的角色正变得越来越相互依存。正如前面章节中所看到的，企业社会责任已经演变转化成一个新的流派，制造社会影响与核心业务融合在一起，增加企业在社会领域的知名度很重要。慈善捐助，甚至通过公私合作伙伴关系来创造共享价值，都需进行严格的审查。此外，洞察力是真实和重要的，所以，依据洞察力引发的每一个行动，都需要进行评估。近期，福来鸡快餐连锁公司组织的对宗教组织的捐款，引发了同性恋联盟的抗议，影响了他们的扩张计划。

12）在什么情况下你会允许出现例外？这个问题表明了严格执行政策的一致性水平。豁免利益道德准则冲突在安然公司成为常态，并最终导致了安然公司的倒闭。

3.2.4.3　环境专业人士的伦理价值清单（1998年）

塔贝克提供了一个有实用价值的清单，可以让环境专业人士有机会来进行全方位的对照检查，它基于前面1.2.3节中讨论的六个支柱特征，环境专业人士无论何时面临环境困境均可以使用。建议决策者先创建一个表，在表的一边列出六大支柱特征的各个要素作为价值观，表的另一侧列出被评估的问题和相关行动。如前面介绍的，主要的价值观要素是诚信、尊重、责任、公正和公平、关怀和公民道德以及公民权。完成这个表后，专业人士应征求同事、同行和上司的意见，最终选择正确的行动。

我们将在下一章，使用这种方法来展示一个实际案例并进行价值分析。

3.2.4.4 环境专业人士的伦理原则（2005年）

佩因选择了8个企业相关的道德原则，下面是扩展到可持续发展/环境伦理学的例子：

1）信任：气候变化潜在风险的重要性、对目前的运营项目开展环境审计、对被收购的公司进行尽职审查，以及给企业在要求较低的国家制定环境标准等，信任原则在环保行业得到广泛应用。

2）尊严：保护公众健康和安全是环境专业人士或主管经理的重要职责。特别关注敏感人群是注定的：制定空气和水环境质量标准时要注重保护公众中的最脆弱群体，包括儿童、病人和老人。尊严往往超出公众的健康和福利，也包括非人类物种。

3）财产：保护他人财产包括大自然的美，是环境专业人士做出所有决定必然包含的。对财产负责最明显的表现是最大限度地减少对自然环境的影响，使用后离开时至少与最初的情况一样，不留痕迹，还包括保护好自然世界无生命东西为子孙后代所享受。

4）透明：每一个报告或文档中需披露环境专业所关注的重大信息。例如，一个新化学品对健康潜在影响的任何结果或新发现的影响，均需要被记录并报告给有关当局，以便他们可以采取必要的防护措施。许多违规行为都是通过公司及其环境专业人士的自我报告来进行管理的。

5）可靠：社会依赖于环境专业人士的可靠性。鉴于此，我们必须保持良好的技能和专业知识，但也不要做出超出他或她的专业领域的承诺或服务。举例来说，一个认证为空气质量方面的专家，不应该开展废水和危险废物管理领域的工作。此外，专业人士应该确保他们没有过度承诺，这可能会导致低于标准的工作，最终会伤害整个社会。

6）公平：这个原则适用于环境专业人士执业的每一个环节，特别是在处理与客户、同事和竞争对手的关系时。当涉及环境政策决策时，公平性变得尤为重要。环境正义，其中经济较贫困阶层受到不成比例的较差环境质量的影响，是运用公平原则的一个特例。布伦特兰委员会定义可持续发展的核心思想是代际公平。气候变化是同一个概念的另一经典案例。

7）公民：尊重法律和监管在环境专业人士的工作中是普遍存在的。鉴于环境问题的市场外部性，政府干预成为强制性。因为环境专业人士在某一领域的专业知识可以保护公共利益，所以他们必须积极参加宣传、多做事情，尤其是与他们社区相关的专长领域。

8）回应：在解决市民投诉、参与公共听证会和应对环境危机中，他们都扮演一个有效角色，均与这个原则有关。

从上面的例子可知，每个伦理原则可能蕴含着环境专业的道德责任。苏凯尔建议从多伦理角度评估每个行动。决策者必须确保满足结果，尊重他人权利和职责，遵守社会规范和公司承诺。

3.3　企业监管与综合报告

3.3.1　企业管理与新型社会契约

3.3.1.1　衰退的区别

2002 年萨班斯-奥克斯利法案是当时美国国会对巨大的会计丑闻的反应，包括安然公司和世通公司。然而，2008 年 9 月出现了前所未有的丑闻。一些“大到不能倒”的金融机构，如美国国际集团、房利美、房地美、雷曼兄弟、美林和华盛顿互惠银行等股价像多米诺骨牌一样下跌，是在美国历史上最大的失败。这次比任何其他一次，包括 1929 年的大萧条，传播速度更快、更模糊和范围更广。再一次，环境方面类似的事件可以从著名的蕾切尔·卡逊的名言得出：“只在本世纪所代表的某一个时刻，才有一个物种——人类——获得改变世界本质的显著力量”，尤其是在气候变化的背景下观察。公开透明是复杂事件已知的唯一“解药”，不透明是某些金融部门的“炸药库”。再次，类似地可以得出不道德的公司，由于担心对下一个季度股票价格的影响，不愿意透露他们的材料环境风险和负债，以及隐藏大量资金挪用和损失等事实。

3.3.1.2　伴随着整体衰退

经济衰退带来裁员，并随之出现员工离职。对企业诚信和道德文化的影响是立竿见影的。合规与道德领导委员会观察到从 2008 年年初到下半年，不当行为增加了 20%，调查发现伦理文化薄弱的公司的不当行为事件的数量是那些具有强烈伦理文化的公司的 5 倍。委员会的研究还表明对报告的事件完全矛盾的处理，显然归因于缺乏道德培训。

当员工们开始相信，如果发生了不道德的行为，管理层会做出适当的反应，这样处理不当的事件会减少。这就要求通过职业道德培训，来帮助管理层进行果断而有效的处理。与公司其他任何政策一样，成功实施要求全体员工特别是报告这一事件的人，明白这些在现实生活中是如何得到解决。在顺境中这些研究是至关重要的，而在经济不景气时则是强制性的。今天商界领袖比以往任何时候都更受全球经济危机和经济环境对企业文化的影响的挑战，这凸显了需要在合规和伦理问题上的合作。

3.3.1.3 新社会契约

企业曾经被指制造功能性产品，通过出售获利，往往在线性价值链的前端。今天企业是错综复杂社会相互织成的网中的一根线。目前，企业往往变得不只对无生命的输入和输出负责，而且包括从摇篮到坟墓全生命周期，所有相关人与环境的相互作用。整个生命周期是否安全？该过程是否违反任何道德原则？是否满足最迫切的社会需求？如果是，那么它是有效和负责任吗？整个过程是否公平？公平是在市场效率优先中缺席已久的内容。水已不再只是一种饮料，今天的问题已延伸到农民对于引水是否得到相应补偿：是一场公平的贸易吗？它是否避免增加了社区的取水压力？“这不是我的工作”的态度将会失灵。大公司不再外包具有负面社会影响的工作。领导者将越来越多地对社会福利的长期影响进行评估。

3.3.1.4 扩大信任责任

因为转变股东利益相关者利益至上的社会预期，金融部门在压力之下致力于可持续发展，这就要求衡量环境和社会影响，不断完善投资组合，积极促进可持续发展，加强能力建设，以及与绩效挂钩——全部由自愿措施驱动，如科勒维科什俄宣言、赤道原则和经合组织原则。美国金融改革，使得银行为自己早已过去多时的交易行为负责。贷款方和机构投资者越来越多地要求披露，通过综合报告，他们的投资是如何从寿命、风险和回报的角度引导负责任的运营。此外，保险业和再保险业因曾遭受困境，以及采取非常实质性的措施来应对环境问题。瑞士再保险和达信公司提供碳险产品，不过，他们已经警告客户中的高级管理人员，如果他们不能采取适当的政策，可能失去保险保障中利益相关者气候变化相关的责任赔偿。美国证券交易委员会（SEC）和几个所有发达国家的证券交易所，呼吁报告其运营的重大风险并作为其年度财务报告的一部分。投资银行必须为重大风险，其中包括任何新的首次公开募股（IPO）准备招股说明书前的环境责任，进行尽职调查。今天，有的国家在公司挂牌其股票前，需要由政府授权的代理机构进行环境审计。欧盟开始实施上市公司强制披露环境、社会和治理指标。这些事态的发展，清楚地定义了衡量企业领导人业绩的新标准的发展方向，并将有可能决定他们在未来几年的报酬，毫无疑问地，它们包括对道德领导力的需求。

3.3.1.5 信任角色——环境责任

金融部门，因为是所有企业的经济引擎，在环境保障和风险管理方面起到非常独特的作用。它具有相当于信托责任，引导投资进入到从寿命、风险和回报角度负责任的运营。世界银行的项目融资部门国际金融公司（IFC），已被受影响的政党和非政府组织起诉，因不保证其借款人对他们经营的项目负责。该诉讼导致了行业组织的被称为赤道原则的自愿行动，旨在管理项目融资中的环境和社会风险。虽然这是由国际金融公司（IFC）牵头，但签署方包括高盛和花旗集团。

在赤道原则之前，是金融机构在 2002 年的科勒维科什俄宣言，此举超过 100 个非政府组织提倡在金融部门对环保行为负责。在社会期望从股东利益至上转移的驱动下，金融服务业必须承诺遵守以下原则和步骤。第一个原则是可持续性，要求对环境和社会影响采取措施，不断完善投资组合，以及积极培养可持续性，加强容量和性能建设。第二个原则是不造成伤害，这就需要创造可持续发展步骤和采用国际标准。接下来的第三个原则涉及对影响负全责，公众咨询和股东权利的问责制，提高企业可持续发展报告和信息披露透明度。最后一个原则是可持续的市场治理，其中包括以下的公共政策和法规：承认政府的作用，劝阻不道德的利用避税港和货币投机。

赤道原则（2003 年）相关的环境伦理包括社会和环境影响评估（SEA），遵守所有适用的社会和环境标准，契合财务文件、公众咨询和信息披露、申诉机制、独立审查、监测和报告。此外，在环境影响评价中，公众咨询和信息披露过程需要对所有利益相关方进行咨询，环境影响评价结果向社会公布，建设和运营过程中继续进行咨询。这些都必须采用当地语言进行，显示出尊重当地传统，确保咨询团队具有代表性。

股票投资者同样关注企业的环境风险和寿命。公司股东决议里经常出现养老基金以及机构投资者寻求公司的风险和与气候变化相关举措的数据，例如政策、排放报告和减排计划。美国证券交易委员为保护股票投资者投资于公开上市的股票，一直指导上市公司像管理其他任何商业风险一样管理气候风险。他们认为，气候风险的减缓可能需要自身能力建设、利益相关方和社区的参与，并警告说，不确定性不是不采取行动的理由。

3.3.2　财务与可持续发展综合报告

环境专业人士在综合金融和可持续发展报告方面发挥巨大的作用，与这些技术性很强的评估和报告的重要性和整体性有关，往往充满复杂的环境因素矩阵，面临道德困境是不可避免的。较好地理解这一新兴领域和道德背景对环境领导者和专业人士很重要。

3.3.2.1　环境和经济因素的相互关系

引发激烈争论的是环保支出没有实在的回报是否值当，是否投资环保性绩效使得经济绩效更好？世界企业可持续发展委员会（WBCSD）指出，公司受益于可持续发展，主要通过提升经营效率，降低生产成本，减少经营风险，吸引和留住人才，提升员工士气和提高生产力。可持续发展还促进了经济增长，通过制度化的学习和创新、打造品牌的知名度和美誉度、建立客户忠诚度、降低融资成本、改善供应链管理和提供长期的战略重点，可持续发展带来了明显的好处。例如，从2008年5月到11月，纳入道琼斯可持续发展指数（DJSI）或高盛可持续指数的公司，高出18类行业中的16类的平均水平约15%。

环境绩效的金融影响包括较低的资金成本。沙曼指出，费尔德曼的调查结果提高了环境风险管理和股票价格的正效应，加伯的调查结果表明大型化工企业环境负债（很明显受迫于“超级基金法案”的压力）和股权成本之间存在正相关关系。沙曼发现“公司通过改进环境绩效，制定发展战略以提高风险管理水平，降低了资金的加权平均成本”。尽管更高的环境风险管理水平允许更多的债务，即使部分由税盾效应抵消，也增加了债务成本。首先，贷款人认为投资于环境风险管理是效率低下的。其次，高环境风险管理水平与杠杆作用正相关，这也增加了债务成本。

鲍尔和汉恩发现环境绩效在信贷风险中有类似的金融影响。他们分析了约600家美国上市公司1996～2006年的经营概况，以测试环境问题是否与信用评级较低和债务融资成本较高有关。公司（借款人）环境风险管理水平较差或不足，对债券持有人有较高的违约风险，因此会损害投资者。如果面对重大的责任风险，他们将会申请战略性破产来免除债务和债权人的索赔。这种状况因具有深远影响的《综合环境反应、补偿与债务法案》（CERCLA）更加恶化，该法案不仅具有追溯效力，还追究企业和银行的连带和严肃责任。最后，他们观察到在最近十年中，环境管理事务与债券投资者的相关性增加了。他们的分析提供全面的证据表明，企业环境管理是一个代表性的信用风险评估决定因素。

3.3.2.2 环境、社会和治理绩效

德勤公司的一份研究报告显示，长期的业务绩效不仅仅最大化财务指标，还要充分考虑环境、社会和治理（ESG）方面的因素。该报告增补了解企业是如何创造价值的财务指标，并对企业的长期可持续发展予以一定解释。例如，越来越多的投资者开始使用ASSET4（汤森路透集团的商业信息和分析工具），它提供了超过3800家公司的ESG数据；彭博终端提供的ESG指标为投资者提供更全面的了解。具有社会责任感的投资者使用强大的ESG指标对不良公司到首选公司进行排序，并选择他们想影响的公司通过购买股票去激励，引导这些公司直接投资服务匮乏的领域（如经济适用住房）。主流投资者可以使用ESG指标来评估公司的风险因素，将ESG数据与传统财务分析结合，以获得更完整的长期前景，识别有价值的无形资产，来吸引投资者和抬高股价。

安永会计师事务所认为，综合财务和ESG因素的报告，提供了公司更全面更长远的价值反映，连接了可持续的商业实践，以及有形和无形的物质资产，资本的风险和机会，以及创造目标的短期和长期价值。

3.3.2.3　可持续发展指标和企业社会责任报告

虽然在大多数国家不是强制性的，但企业社会责任报告持续增长。仅仅在过去的 3 年中，最大的全球 250 强公司中，企业社会责任报告率已经从 80% 增长到 95%，信誉和道德方面的考量高居驱动因素之首。正如人们可以预期的，可持续发展指标绩效较高的企业是第一批报告的。这也可能是公司努力减少资金成本的结果（见 3.3.2.1 节），吸引具有社会责任感的投资者，特别是机构投资者。奥斯特指出，“对于经济学家来说，企业社会责任报告仅是一个信号。这也是苹果公司在 2009 年因拒绝股东要求公布企业社会责任报告的请愿，使一些公司支持者失望的原因”。最近的一项研究表明，基于股票交易的市值，有大致十分之一的美国上市公司公布了企业社会责任报告。“我们发现，股权资本成本高的公司倾向于公布企业社会责任报告……此外，具有出众的履行社会责任表现的企业，会吸引专业机构投资者和分析师的关注”。

安永会计师事务所针对 24 个收入在十亿或以上行业中的 272 位可持续性发展部门高管的调查显示，缺乏对可持续发展影响和减少不作为风险的内部系统性监测。他们注意到了一些主要发展趋势和行动步骤，如下所示：

1）为可持续发展报告建立与财务报告同样透明和严格的制度。

2）引入首席财务官制度以监测和报告环境保护和可持续发展。

3）鼓励员工作为主要利益相关者将可持续发展融入企业文化。

4）认识到披露温室气体和水资源信息，对内部和外部利益相关者具有监管领域之外的价值。

5）集成方案来管理获得可持续发展报告关键资源的风险。

6）理解可持续发展报告对排名和评级机构的价值，特别是那些感兴趣的投资者。

这带来了环境伦理学相关的两大焦点问题。首先是需要定义一致的程式、适当和相关的内容、综合性的措施。由于已存在不同发展阶段的大量程式和部门条款，速度虽慢但可以肯定具有绝对领先优势的条款必定会出现。拉姆纳将跨部门的、特定行业的、全国规模的指标进行了分类。本节不是竭尽所能来覆盖所有指标，而是简单地突出一些重点指标。

创立于 1999 年的道琼斯可持续发展指数（DJSI），跟踪可持续发展驱动型公司的财务业绩，为可持续性投资组合资产管理公司，提供作为基准的综合经济、社会和环境的评估报告。永续资产管理公司（SAM）为道琼斯可持续发展指数（DJSI）提供了科研支柱。发布于 2000 年的全球报告倡议（GRI），是涉及多方利益者和跨国的长期发展和传播的全球性准则。目前已发展到了第四代，这是一个对产品、活动和服务的经济环境和社会方面的自愿报告准则。DJSI 和 GRI 是全面的可持续发展指标和报告标准中的两个主导要素。近年来，彭博新闻社和汤森路透集团开始在终端为他们的投资者提供环境、社会方面，最重要的是，治理（包括伦理）方面的指标来评估非金融因素。这是一个非常有意义的发展，对环境专业人士来说是非常重要的开始。

2005 年，石油和天然气部门基于石油和天然气行业可持续发展报告的导则，建立了一个通用的框架。同样，2002 年，英国化学工程师机构推出了可在操作单元内使用的制造工业可持续性度量标准。这些工程师开发的指标包含绝对的、规范的和定性的指标。这些代表性行业特定的可持续性报告指标覆盖两个规模最大、级别最高的可持续发展影响类别。

最后，世界经济论坛制定全国规模的可持续发展指标，可对各国的环境表现进行比较，是环境数据的仓库。

除了对可持续性报告度量标准的制定，国际社会正努力确保报告信息的一致性和可靠性，这些将在 3. 3. 2. 4 节进行阐释。许多领先的公司，例如，中电控股有限公司（CLP Holdings）正在转向综合性报告，全球综合性报告在过去 5 年增加了近 5 倍。

二是保护全社会在不道德的“漂绿”活动中不会崩塌的需要。在本节中，我们将进一步突出“漂绿”的风险和如何减轻它们的影响。德马斯和布尔瓦诺将“漂绿”定义为两个行为的交集——糟糕的环境绩效和对环境绩效的积极公关，并扩展到公司在环保措施，产品或服务的环保表现上误导消费者的行为。在产品层面，“漂绿”罪行可能涉及索取利益而没有证据，或通过隐瞒其他负面影响来进行交易。他们识别出几组驱动因素：第一组是基于市场的，来自竞争对手、消费者或投资者需求的压力；组织文化、激励机制还有内部压力形成了第二组。个人心理因素包括个人的偏见或狭隘的价值观。最后，非市场组因素包括宽松的监管环境，缺乏活跃分子和媒体记者的监督等。他们提出一些从环境伦理的角度看可能是至关重要的宝贵建议。他们建议提高环境绩效信息披露的透明度，无论是自愿的还是强制的。通过分享关于“漂绿”事件的信息和降低监管的不确定性来提高认识，最重要的是提供道德领导能力和员工培训。

3. 3. 2. 4 国际综合报告委员会（IIRC）

国际综合报告委员会建议提高综合财务和可持续发展的报告标准，提出了以下几个指导原则：

指导原则 1（战略重点和未来方向）：综合报告应深入说明组织战略，以及这个战略如何与组织在短期、中期和长期的价值创造能力相关，这个战略的资本使用情况及对资本的相关影响。

指导原则 2（信息连通性）：作为全面的价值创造过程，综合报告应反映各个对组织循序渐进的价值创造能力，与产生重大影响的要素之间的组合、相互关联性和依赖关系。

指导原则 3（利益相关者的响应能力）：综合报告中应深入说明组织与主要利益相关者之间关系的性质，并说明组织如何及在多大程度上理解、考虑并响应利益相关者的合法需求、利益和期望。

指导原则 4（重要性和简洁性）：综合报告中应提供对于评估组织在短期、中期和长期的价值创造能力，具有重要性的简洁信息。

指导原则 5（可靠性）：综合报告中的信息应该是可信赖的，信息的可靠性是指其完整性、中立性，并且没有重大错误。

指导原则 6（可比性和一致性）：综合报告中列报的信息随时间的推移均应一致，并且应当是有关一个组织自身价值创造过程的重要信息，使之能够与其他组织进行比较。

3.3.3 建立伦理文化

高层管理人员包括董事会成员，必须认识到伦理道德、长期利润和明确的伦理政策三者之间的关系，提升领导者基于表现和道德行为的意识，为举报揭发违规行为创造一个安全环境。领导力在建设伦理文化方面的角色始于价值陈述，意味着诚信和做正确的事，真正关心利害关系人，以及承诺遵守作为企业良知基础的道德守则。在运营层面，高级管理人员必须按规程雇佣和搭档那些符合道德标准的人，培养中层管理人员确保遵守道德标准，帮助说服员工发现和报告存在的道德错误。在大多数企业文化建设努力中，成功取决于通过正式和非正式渠道持之以恒和有效的沟通，如通过口碑教化来灌输传统文化的力量，通过参与工作室来进行年度培训，通过年度报告、网站和宣讲来进行全球沟通交流。

组织承诺和领导者率先垂范对道德文化制度化是最基本的。要建立诚信文化，强制要求领导者做出清晰的、明确的、毫不含糊的和不可逆转的承担个人责任的承诺。领导者必须促进和模范使用这些价值观来作出决策和行动，并在管理中消除自主封闭的领域。道德必须正式和明确地内化到日常业务生活中。短期来看，通过公开声明的形式，在组织范围内的沟通是至关重要的。道德必须被看作是可预期的和重要的，与法律、金融和其他规章制度处于同等水平。长期来看，必须鼓励展示道德价值，应促进适当的无后顾之忧的环境举报，以建设和内化伦理作为企业文化的一部分。同样重要的是，业务操作层面在抉择时使用道德因素和替代品是明确并公开解释的，它必须被理解和接受，不只是说说而已。

3.3.3.1 公司治理和全球管理

经济合作与发展组织（OECD）对“公司治理”的定义是广义的，指出公司治理“是由商业机构进行指导和控制的体系”。《OECD 公司治理原则》于

1999 年首次出版，2004 年因许多公司接连发生丑闻后进行更新，强化了利益相关者的重要性，要求及时、准确、透明地披露所有相关和重要的信息，特别是有关道德和环境的，如下所述：

除了披露商业目标，还应鼓励企业披露有商业道德、环境和其他公共政策承诺的政策。这些信息可能对投资者和其他信息使用者是重要的，以更好地评估公司与其经营所在社区的关系，以及公司采取实现其目标的措施的步骤……董事会在履行其监督控制责任时，更重要的是，鼓励举报不道德或不合法的行为，而不必担心遭到报复。公司已有的道德规范应有助于该程序，并通过法律对有关人员提供保护得到巩固。

特别是，它包括提供了举报不道德行为的程序和保护揭发者的法律。诚信度高的标准恢复了公众和投资者的信任，并帮助利益相关者特别是社区群众，促进企业的有关业绩满足新的社会契约。越来越多的具有社会责任感的投资者，使用道琼斯可持续发展指数和富时社会责任指数来选择公司进行投资。许多大型金融机构，包括世界银行，利用赤道原则来评估项目融资的社会和环境风险，确认社会责任实践可以改善金融市场和降低资金成本，良好的公司治理有助于建立伦理文化。

3.3.3.2 领导层承诺的情感力量

一个适当的企业战略必须包括非经济目标……经济战略是人性化的，是企业目前可以达到的，经济战略决定了公司的角色、拥护的价值观，以及与客户、员工、社区和股东的关系。个人价值观和公司领导层的道德诉求，虽然可能没有具体规定，都隐含在全部战略决策中……虽然道德准则，针对特定缺陷的道德政策和严格执法是重要的，但它们本身并不包含承诺的最终情感力量。对保证质量品质的承诺——包括遵守法律和高尚道德标准——是一个企业组织的成就感，是受自豪感激发而不是为了获取利润，也是正确的自豪感产生途径。一旦战略决策的范围因此扩大，其道德部分不再与正确决策产生冲突的理由有很多。

这种说法非常有效地抓住个人价值观和道德标准的重要意义，以及公司领导者在组织中建设伦理文化承诺的情感力量。例如，3M 公司于 1975 年，率先提出污染防治的概念，创立了污染防治自付（3P）计划。基于本书作者与 3M 公司高级管理人员的私人谈话，这之所以成为可能，仅仅是因为公司领导者的远见和承诺。沃尔玛公司成功推出现在人们所熟知的绿色供应链的背后驱动因素，是当时 CEO 李·斯科特的愿景承诺的情感力量。塔塔公司是印度领先的电力企业和全球第五大钢铁公司，一个多世纪以来，呈现出无可挑剔的道德文化，受塔塔家族的承诺推动，在印度和全球范围内，全部业务保持高尚的道德标准。

3.3.3.3　法律与伦理合规

我们想知道为什么我们以那样的方式做决定，尤其是把伦理引入价值体系之后。“因为妈妈这么说”的做法只能在年幼的时候管用。所以，简单地遵守法律规定因为这是我们的职责，但不是大多数决策者的首选解决方案，遵守法律被看作是由外部强加的义务。做出伦理决策，尤其是经过训练有素之后，没有了对未知的恐惧，拥有了自由的感觉，同时也促进了愿望的实现，这也与在上一节中讨论的组织成就和自豪感的概念是一致的。法律手段使用规则、监视和威慑来强制执行。伦理方法则渗透到决策的各个层面，包括从高层管理人员到普通员工等各种人。阿伦指出，法律手段是以规则为基础的“大棒”做法，缺少激励；另一方面，伦理方法更类似于法律精神，其原理是基于“胡萝卜”的办法，且更加有效。更有意义的是，法律手段是由基于检查清单的决策过程决定的，这让人联想到本书合著者在他的企业经历中经常遇到的争论。通常情况下，经验不足的管理者，会质疑花费昂贵的内部专家评估复杂环境和安全问题的价值。他们会问“为什么我们不能只得到我们可以通过审核的清单?”人们可能会很明显地忽略了正确做法。再次凸显了参与伦理研习班来培训新的管理人员，以及在伦理决策过程中保留经验丰富人士的价值。

3.3.3.4　沃伦 · 巴菲特和所罗门兄弟公司

沃伦 · 巴菲特对所罗门兄弟公司倒闭命运的反转，提供了一个除遵守法律之外遵守道德准则的价值，以及经历灾难性彻底失败后如何恢复企业声誉的典型例子。

弗布伦和西姆斯简要地记录了恢复声誉的步骤，特别是在彻底的灾难性失败后：

1. 承担公共责任
2. 传达对所有利益相关者的关心
3. 与政府机构充分合作
4. 处分玩忽职守者
5. 委任可信的代表所有利益的领导者
6. 辞退相关的供应商或代理商
7. 聘请独立调查者
8. 重新组织以便更好地控制
9. 建立严格的程序
10. 消除违规行为
11. 修订规章制度和薪酬体系
12. 监控合规

西姆斯描述了（缺乏）伦理文化在所罗门兄弟公司是如何反转的。沃伦 · 巴菲特在 1991 年接任所罗门兄弟公司的 CEO 时，为重振公司他开始打造全新的企业文化。第一步，他深入接触员工并释放明确的信息。例如，他向全体员工承认："在某些方面，我们已经迷失了方向……虚张声势，喜欢冒险和挣钱，因此我们怠慢了股东和外部支持者"。接下来，他向整个组织宣布"希望所罗门兄弟公司所有雇员中的每一个人，立即和直接向我报告任何违反法律或道德败坏的事……直接向我报告是你目前最首要的任务"。他还非常明确指出，不仅不要怕揭发者被泄露，事实上强制要求每个人都这样做。

巴菲特还向各大平面媒体如《华尔街日报》《纽约时报》和《金融时报》等公布了承诺说明。他告诉他们："（我们）将被规则之外的规范指导……员工们首先应该问自己是否愿意出现在当地报纸的头版，其阅读者包括他或她的配偶、子女和朋友……没有任何超越法律规范的行为活动，但是作为公民感觉到被冒犯了"。

3.3.3.5 道德监督和强制执行

道德监督和强制执行是任何组织的制度化持续成功和伦理文化建设的另一决定性因素。除了分散在针对有关各方的书面守则、政策以及指导方针，还通过管理人员、咨询顾问、热线电话和监察巡视来加强广泛的交流，有必要制定培训和实施计划，旨在帮助将政策应用到日常工作情形中，最好是通过高频率的参与式研讨会完成。

道德价值观像其他东西一样，不能教会，相反，它是与生俱来的。员工会模仿他们所看到的，价值观必须是简单的、容易说清楚的、现实的和适用的，必须适用于内部和外部的操作。最好是首次招聘员工时进行一次广泛而深入的交流。理想情况下，价值观应与不同利益相关者达成一致，表现出对公平公正的痴迷或激情，寻求不仅是集体更是个人的责任。

3.3.3.6 商业决策的伦理筛选

本书遵循波特斯图尔特大法官关于伦理的定义，伦理强调了有权去做和做正确的事情的差别（见 1.2.1 节）。正如前面指出的，这个定义与潘恩对伦理所做定义的优雅特质是一致的，而且伦理决策超越了约束限制的法律信条。阿伦指出，伦理更类似于法律的精神，激励着精益求精。

在前面的章节中，我们讨论做出伦理决策框架的演变。伦理筛选在日常生活中的应用，最简单、最基本但强大的可能是，由慈善组织扶轮社创立，自 1932 年以来一直使用的四通测试。它是真实和公正的，建立良好关系和惠及全民。近半个世纪之后，纳什针对业务主管设置十几个务实查询参数（见 3.2.4.2 节）。另外四分之一个世纪之后，潘恩这些转化成八个针对特定业务的伦理原则（见 3.2.4.4 节）。苏凯尔建议从多个伦理角度评估每个行动。

英国标准协会提出了一个框架和工具包，用于创建一个可持续性的业务案例。从公司角度来看，五个步骤过程如下：

1）了解对环境、社会和经济的显著影响，并确定它们所呈现的机遇与风险，包括现实和想象。

2）通过磋商确定关键利益相关者事项，包括现实和想象，以提高机会最大化和风险最小化的能力。

3）增加关联性。也就是说，将机遇和风险链接到公司的核心业务，将问题和影响绘制到公司的业务计划和战略目标中。

4）每一个机遇与风险用数据来备份和用例子来支持，特别是包括可行的或估计的财务成本和收益。

5）保持动态更新，确保其随着公司的优先事项变化而变化，并保持与民众的关联。

拉马纳建议采用这种方法来进行伦理筛选，就像在企业决策过程中，运用潘恩提出的八大伦理原则，参见 3. 2. 4. 4 节，拓展了对这些业务的具体伦理原则的环境伦理学情形。

最后，"伦理资源中心"介绍了另外的方法，来测试所有企业决策是否符合伦理门槛。该过程采用助记符 PLUS，以反映公司的政策和程序、应用的法律和法规、公司采取的普遍伦理原则和个人做决定时自定义的价值观。这表明在定义问题和评估替代方案的伦理影响时出现伦理问题，并在已选选项中重现遗留伦理问题。

3. 3. 3. 7　承担全球道德责任

坎特说，企业和领导者的行动将通过其对社会福祉的最终效果来判断。根据新的社会契约，公司须在多个利益相关者和业务的影响下茁壮成长。潘恩对企业行为推荐了宽容性、动态性和确定性的描述，要求从"零容忍"到不合规的灵活转变。最近的这篇文章暗示着对待企业伦理的新路径。宽容性意味着非绝对义务标准包含一定程度自由，很难用法律审计方面的词语来陈述；动态性表示抓住了随着时间推移、宏观经济状况和行业状况的变化而变化等特征；确定性是指道德标准作为目标来争取，而不是避免严重失误。

参考文献

1. Ram Ramanan and W. Ashton, "Green MBA and Integrating Sustainability in Business Education," *Environmental Manager*, September 2012, pp. 13–15; also accessed December 2012, http://stuart.iit.edu/about/faculty/pdf/green_mba.pdf.
2. Various management consultant reports on progress of sustainability:
   a. KPMG, *Building Business Value in a Changing World*, accessed December 2012, http://www.kpmg.com/Global/en/IssuesAndInsights/Articles Publications/Documents/building-business-value.pdf.

b. KPMG, *Corporate Sustainability: A Progress Report*, accessed December 2012, http: // www.kpmg.com / Global /en / IssuesAndInsights / Articles Publications/Documents/corporate-sustainability-v2.pdf.
c. MIT Sloan Management Review and the Boston Consulting Group, "Sustainability Nears a Tipping Point," Research Report (Winter 2012).

3. Business for Social Responsibility, "Bloomberg Launches ESG Metrics," last modified November 17, 2009, https://www.bsr.org/our-insights/bsr-insight-article/bloomberg-launches-esg-data-service.
4. M.E. Porter and Mark R. Kramer, "Creating Shared Value," *Harvard Business Review*, January–February 2011, pp. 62–77.
5. Ramanan, "Green MBA."
6. Ibid.
7. Ram Ramanan, "Need for Green MBA and Environmental Economics Education—Globally" (AWMA Annual Conference, Portland, OR, June 2008).
8. Ramanan, "Green MBA."
9. M.E. Porter and M.R. Kramer, "Strategy and Society," *Harvard Business Review*, December 2006, pp. 78–88.
10. Effective Crisis Management, "The Tylenol Crisis," accessed December 2012, http://iml.jou.ufl.edu/projects/fall02/susi/tylenol.htm.
11. Aneel Karnani, "Case against CSR," *Wall Street Journal*, August 23, 2010.
12. UN Brundtland Commission, Report of the World Commission on Environment and Development: *Our Common Future*, UN Brundtland Commission (United Nations, 1987).
13. Ramanan, "Green MBA."
14. Porter, "Strategy and Society."
15. Karnani, "Case against CSR"; coauthor Ramanan private conversation with son Shivraj Ramanan (who was a student of Karnani at the Ross School of Business at the University of Michigan).
16. Wayne Visser, "Ages and Stages of CSR," in *The Age of Responsibility*, 1st ed. (Hoboken, NJ: John Wiley & Sons, 2011), p. 21.
17. Wikipedia, s.v. "Greed Is Good," accessed December 2012, http://en.wikipedia.org/wiki/Gordon_Gekko#.22Greed_is_Good.22_quotation.
18. Visser, "Ages and Stages," p. 37.
19. Bill Clinton in his Foreword in Matthew Bishop and Michael Green, *Philanthrocapitalism—How Giving Can Save the World* (New York: Bloomsbury Press, 2008).
20. Daniel Franklin, ed., "The Economist's World in 2009 Yearbook," in Wayne Visser, "Ages and Stages of CSR," in *The Age of Responsibility* (Hoboken, NJ: John Wiley & Sons, 2011), p. 94.
21. Archie Carroll, "The Pyramid of Corporate Social Responsibility," *Business Horizons* 42 (1991): 39–48.
22. Visser, "Ages and Stages," p. 131.
23. C.K. Prahlad and Stuart L. Hart, *The Fortune at the Bottom of the Pyramid* (Upper Saddle River, NJ: FT Press, 1998); G. Hamel and C.K. Prahlad, *Competing for the Future* (Boston: Harvard Business School Press, 1994).
24. C.K. Prahlad and Stuart L. Hart, "The Fortune at the Bottom of the Pyramid," Strategy and Business 26 (2002), accessed December 2012, http://www.cs.berkeley.edu/~brewer/ict4b/Fortune-BoP.pdf.

25. Aneel Karnani, "Eradicating Poverty through Enterprise" (presented at the University of Michigan, November 2007), accessed December 2012, http://www.un.org/esa/coordination/Eradicating%20Poverty%20through%20Enterprise.Karnani.ppt; Aneel Karnani, *Fighting Poverty Together: Rethinking Strategies for Business, Governments, and Civil Society to Reduce Poverty* (London: Palgrave Macmillan, 2011), p. 44.
26. Amartya Sen, Nobel laureate economist quoted by Aneel Karnani at the United Nations General Meeting in New York, 2007, accessed December 2012, http://www.un.org/esa/coordination/Eradicating%20Poverty%20through%20Enterprise.Karnani.ppt.
27. Karnani, *Fighting Poverty Together*, p. 232.
28. M.E. Porter and Mark R. Kramer, "Creating Shared Value"; Ram Ramanan, "How to Build Sustainability Issues in Corporate Decision Making" (lecture, Net Impact Student Chapter Seminar, IIT Start School of Business, Chicago, March 25, 2011).
29. Ram Ramanan, "How to Build Sustainability Issues in Corporate Decision Making" (Net Impact Student Chapter Seminar, IIT Stuart School of Business, Chicago, March 25, 2011).
30. Meg Voorhes et al., "Executive Summary—Fig. B: Growth of SRI \$2.7 Trillion in 2007 to \$3.0 Trillion in 2010," in *2010 Report on Socially Responsible Investing Trends in the United States*, Social Investment Forum Foundation, accessed December 2012, http://ussif.org/resources/research/documents/2010TrendsES.pdf.
31. Sims, *Corporate Social Responsibility*, p. 99.
32. Ronald R. Sims and Johannes Brinkmann, "Leaders as Moral Role Models: The Case of John Gutfreund at Salomon Brothers," *Journal of Business Ethics* 35, no. 4 (2002): 327–339; R. Reidenbach and D.P. Robin, "A Conceptual Model of Corporate Moral Development," *Journal of Business Ethics* 10, no. 4 (1991): 273–284.
33. Carroll, "Pyramid of Corporate," pp. 39–48.
34. Porter, "Strategy and Society."
35. Porter, "Creating Shared Value"; Visser, "Stages of CSR."
36. Wikipedia, s.v. "Groupthink," accessed December 2012, http://en.wikipedia.org/wiki/Groupthink.
37. J. Haidt and S. Kesebir, "Morality," in *Handbook of Social Psychology*, 5th ed., ed. S. Fiske and D. Gilbert (Hoboken, NJ: John Wiley & Sons, 2010), pp. 797–832.
38. Haidt, *The Righteous Mind*, p. 187.
39. I.L. Janis, *Victims of Groupthink* (Boston: Houghton-Mifflin, 1972), p. 197; Sims, "Corporate Social Responsibility," p. 117.
40. Herbert J. Taylor, "Rotary International Code of Ethics," Rotary International, accessed December 2012, http://www.rotary.org/en/aboutus/history/rihistory/pages/ridefault.aspx.
41. Dorothy Frede, "Plato's Ethics: An Overview," in *Stanford's Encyclopedia of Philosophy*, ed. Edward N. Zalta, accessed December 2012, http://plato.stanford.edu/entries/plato-ethics/#VirStaSou.
42. Laura L. Nash, "Ethics without the Sermon," *Harvard Business Review* 59 (1981): 79–89.
43. Equator Principles, "Environmental and Social Risk Management for Project Finance," accessed December 2012, http://www.equator-principles.com/; United Nations, "Overview of the UN Global Compact," accessed December 2012, http://www.unglobalcompact.org/aboutthegc/thetenprinciples/index.

html.
44. Hal Taback, "Ethics Training: An American Solution for Doing the Right Thing," in *Engineering and Environmental Ethics*, ed. John Wilcox and Louis Theodore (New York: John Wiley, 1998), pp. 267–280.
45. Lynn S. Paine, Rohit Deshpande, Joshua D. Margolis, and Kim E. Bettcher, "Up to Code: Does Your Company's Conduct Meet World-Class Standards," *Harvard Business Review* 83, no. 12 (2005).
46. Sandra J. Sucher, *Teaching the Moral Leader: A Literature-Based Leadership Course: A Guide for Instructors* (London: Routledge, Taylor and Francis, 2012) p. 110; Sandra J. Sucher, *The Moral Leader: Challenges, Tools and Insights* (London: Routledge, 2008).
47. Keith T. Darcy, "The Last Decade" (presented at Business Roundtable, Institute for Corporate Ethics, Charlottesville, VA, November 2009).
48. Robert F. Bruner, "The Economic Climate's Impact on Corporate Culture and Ethics" (presented at Business Roundtable, Institute for Corporate Ethics, Charlottesville, VA, November 2009).
49. Rachel Carson, *Silent Spring* (Boston: Mariner Books, 2002), accessed December 2012, http://www.goodreads.com/work/quotes/880193-silent-spring.
50. Dan Currell, "Weathering the Integrity Recession" (presented at Business Roundtable, Institute for Corporate Ethics, Charlottesville, VA, November 2009).
51. Business Roundtable, Institute for Corporate Ethics, *2009 Compliance and Ethics Forum Summary Report: Leading Thoughts and Practices*, November 2009.
52. John J. Castellani, "The Impact of the Economic Climate on Corporate Culture" (presented at Business Roundtable, Institute for Corporate Ethics, Charlottesville, VA, November 2009).
53. Currell, "Integrity Recession."
54. Sims, *Corporate Social Responsibility*, p. 7.
55. Rosabeth Moss Kanter, "It's Time to Take Full Responsibility," *Harvard Business Review*, October 2010, p. 1.
56. Equator Principles, "History of Equator Principles," *Equator Principles*, accessed December 2012, http://www.equator-principles.com.
57. BankTrack, *Collevecchio Declaration* (Amsterdam: BankTrack, January 2003), accessed December 2012, http://www.banktrack.org/download/collevechio_declaration/030401_collevecchio_declaration_with_signatories.pdf.
58. European Commission Initiative for Mandatory Environmental, Social and Governance Disclosure in the European Union.
59. World Business Council for Sustainable Development (WBCSD), "Business Solutions for a Sustainable World," accessed December 2012, http://www.wbcsd.org/.
60. Strandberg Consulting, *The Business Case for Sustainability*, accessed December 2012, http://www.corostrandberg.com/pdfs/Business_Case_for_Sustainability_21.pdf.
61. SAM Sustainability Investing, "Dow Jones Sustainability Indexes," accessed December 2012, http://www.sustainability-index.com/; Goldman Sachs, SUSTAIN, "GS SUSTAIN," December 2012, http://www.goldmansachs.com/our-thinking/topics/gs-sustain/index.html.
62. Mark Sharfman and Fernando Chitru, "How Does Overall Environmental Risk Management Affect the Cost of Capital," *Strategic Manual Journal* 29, no. 6 (2008): 569–592, doi: 10/1002/smj.678; Stanley J. Feldman, Peter A. Soyka, and Paul G. Ameer, *Does Improving a Firm's Environmental Management System and*

Environmental Performance Result in a Higher Stock Price? Environmental Group Study (Fairfax, VA: ICF Kaiser International, 1996), *Journal of Investing* 6, no. 4 (1997): 87–97; S. Garber and J.K. Hammitt, "Risk Premiums for Environmental Liabilities: Superfund and the Cost of Capital," *Journal of Environment and Economic Management* 36 (1998): 267–294.

63. Rob Bauer and Daniel Hann, *Corporate Environmental Management and Credit Risk*, Maastrict University, European Centre for Corporate Engagement, last modified June 2010, http://www.responsible-investor.com/images/uploads/Bauer__Hann_%282010%29.pdf.
64. Thomas Reuters, *Corporate Responsibility Report*, accessed December 2012, http://thomsonreuters.com/about/corporate_responsibility/ESG_performance/; Peter A. Soyka and Mark E. Bateman, *Finding Common Ground on the Metrics That Matter*, IRRC Institute, last modified February 2012, http://www.irrcinstitute.org/pdf/IRRC-Metrics-that-Matter-Report_Feb-2012.pdf.
65. Bart King, "Deloitte: ESG Metrics Crucial for Creating Business Value," Sustainable Brands, last modified April 3, 2011, http://www.sustainablebrands.com/news_and_views/articles/deloitte-reports-esg-metrics.
66. Brendan LeBlanc, Benjamin Miller, and Jeremy Osborn, *Driving Value by Combining Financial and Non-Financial Information into a Single, Investor Grade Document*, Ernst & Young, accessed December 2012, http://www.ey.com/Publication/vwLUAssets/Integrated_reporting:_driving_value/$FILE/Integrated_reporting-driving_value.pdf.
67. KPMG, "State of Corporate Responsibility Reporting," accessed December 2012, http://www.kpmg.com/PT/pt/IssuesAndInsights/Documents/corporate-responsibility2011.pdf.
68. Sharon Oster, "What Do We Make of CSR Reporting?" accessed December 2012, http://www.forbes.com/sites/csr/2010/05/11/what-do-we-make-of-csr-reporting/.
69. Dan S. Dhaliwal, Oliver Zhen Li, Albert Tsang, and Yong George Yang, Voluntary Non-Financial Disclosure and the Cost of Equity Capital: The Case of Corporate Social Responsibility Reporting, February 15, 2009, http://ssrn.com/abstract=1343453 or http://dx.doi.org/10.2139/ssrn.1343453.
70. Ernst & Young, "Six Growing Trends in Corporate Sustainability," accessed December 2012, http://www.ey.com/US/en/Services/Specialty-Services/Climate-Change-and-Sustainability-Services/Six-growing-trends-in-corporate-sustainability_overview; http://www.ey.com/US/en/Services/Specialty-Services/Climate-Change-and-Sustainability-Services/Six-growing-trends-in-corporate-sustainability_Trend-7.
71. R. Ramanan, "Environmental Performance Reporting—State of the Art" (Proceedings of International Interdisciplinary Conference on Sustainable Technologies for Environmental Protection, ICSTEP2006, Coimbatore, India).
72. Dow Jones, "Dow Jones Sustainability Indexes," accessed December 2012, http://www.sustainability-index.com/.
73. http://www.sustainability-index.com/images/sam-csa-methodology-en_tcm1071-338252.pdf.
74. Global Reporting Initiative, accessed December 2012, https://www.globalreporting.org (coauthor Dr. Ramanan is a member of the GRI's G4 Academic Research Group).
75. Bloomberg, "Sustainability," accessed December 2012, http://www.bloomberg.

com/bsustainable/.
76. Thomson Reuters (ASSET4), "ESG/CSR Content Overview," accessed December 2012, http://thomsonreuters.com/products_services/financial/content_news/content_overview/content_az/content_esg/.
77. IPIECA (the global oil and gas industry association for environmental and social issues), API (the American Petroleum Institute), and OGP (the International Association of Oil and Gas Producers), Oil and Gas Industry Guidance on Voluntary Sustainability Reporting, 2nd ed., 2010, accessed December 2012, http://www.api.org/environment-health-and-safety/~/media/files/ehs/environmental_performance/voluntary_sustainability_reporting_guidance_2010.ashx.
78. Institution of Chemical Engineers, UK, "Sustainability Metrics for the Process Industry," accessed December 2012, http://www.icheme.org/communities/special-interest-groups/sustainability/~/media/Documents/Subject%20Groups/Sustainability/Newsletters/Sustainability%20Metrics.ashx.
79. World Economic Forum, "Sustainability Data and Trends," accessed December 2012, http://sedac.ciesin.columbia.edu/theme/sustainability.
80. Private conversations with Jeanne Ng, Director of Environmental Affairs, CLP Holdings; KPMG, "Corporate Sustainability: A Progress Report," April 2011, accessed December 2012, http://www.kpmg.com/Global/en/IssuesAndInsights/ArticlesPublications/Documents/corporate-sustainability-v2.pdf.
81. M.A. Demas and V.C. Burbano, "The Drivers of Green-Washing," California Management Review 54, no. I (2011), CMR494.
82. International Integrated Reporting Community, accessed April 2013, http://www.theiirc.org/wp-content/uploads/2012/11/23.11.12.Prototype-Final.pdf.
83. *OECD Principles of Corporate Governance* (Paris: OECD Publications, 2004), accessed December 2012, http://www.oecd.org/daf/corporateaffairs/corporategovernanceprinciples/31557724.pdf.
84. Bart, "ESG Metrics."
85. Global Corporate Governance Forum and UN Global Compact, *Corporate Governance: The Foundation for Corporate Citizenship and Sustainable Business*, 2009, http://www.unglobalcompact.org/docs/issues_doc/Corporate_Governance/Corporate_Governance_IFC_UNGC.pdf,
86. Kenneth Andrews, "Ethics in Practice: Managing the Moral Corporation," *Harvard Business Review*, September-October 1989, p. 6. With permission.
87. Surendra Arjoon, "Corporate Governance: An Ethical Perspective," *Journal of Business Ethics* 61, no. 4 (2005): 343–352.
88. Charles J. Fombrun, *Reputation: Realizing Value from the Corporate Image* (Boston: Harvard Business School Press, 1996), presented in Sims, *Corporate Social Responsibility*, p. 234.
89. Sims, *Corporate Social Responsibility*, p. 211.
90. Ibid., p. 221.
91. Ibid., p. 220.
92. Ibid., p. 223.
93. Lynn Sharp Paine, *Venturing beyond Compliance: The Evolving Role of Ethics in Business* (New York: The Conference Board, Inc., 1996), 13–16.
94. Herbert J. Taylor, "Rotary International Code of Ethics."
95. Laura L. Nash, "Ethics without the Sermon."

96. Lynn S. Paine, "Up to Code."
97. Sandra J. Sucher, *Teaching the Moral Leader*.
98. British Standards Institution, "The Sigma Guidelines Toolkit," accessed December 2012, http://projectsigma.co.uk/toolkit/sigmabusinesscase.pdf.
99. Ram Ramanan, "How to Build Sustainability Issues in Corporate Decision Making" (Net Impact Student Chapter Seminar, IIT Start School of Business, Chicago, March 25, 2011); Ram Ramanan, "How to Build Ethics Filter in Corporate Decision Making" (104th Air and Waste Management Association Annual Conference and Exposition, Orlando, June 23, 2011).
100. Ethics Resource Center, "Ethics Filter," accessed December 2012, http://www.ethics.org/resource/ethics-filters.
101. Kanter, "Full Responsibility."
102. Lynn S. Paine, Rohit Deshpande, and Joshua Margolis, "A Global Leader's Guide to Managing Business Conduct," *Harvard Business Review* 89, no. 9 (2011) (online edition).

第 4 章

领导者和专业人员的环境伦理学培训

诺曼·奥古斯丁——洛克希德·马丁公司退休的董事长和首席执行官，在汽车供应商杰出贡献奖的领奖演讲中，给出了如何解决不伦理行为最有价值的解释之一。汽车供应商杰出贡献奖每年在华盛顿特区的伦理资源中心颁发，表扬来自企业界在伦理领域具有卓越表现的个人和团体。奥古斯丁和他在伦理资源中心的同事，带给我们在近几年广为传播的企业丑闻之后的希望。

当涉及企业的行动时，奥古斯丁说，“在生活中，没有比一个人的伦理和名誉更重要、更密切相关，甚至比一个人的健康更重要”。那为什么看似体面的人，会做出这种不伦理的决定？在大多数情况下，不伦理行为不是因单一事件或错误，而是一系列错误导致的。奥古斯丁将伦理崩溃比作是大蟒蛇吞食猎物。大多数人相信，大蟒蛇仅包围整个猎物，并通过单一运动将猎物粉碎致死。与此相反，奥古斯丁指出蟒一旦包围了猎物会选择一直等待，每次猎物呼气时，蟒蛇收紧其抓着力，直到猎物最终再也不能呼吸。这就解释了为什么监管者对工作场所微小伦理问题有所警觉是如此的重要，如虚报费用支出、多收客户小时费和公款私用等。奥古斯丁说，“每一个小错误使人更接近伦理罪过一步”。

4.1 建立环境伦理学培训计划

伦理是指做正确的事（而不是你有权利去做的事情，以及你绝对没有权利做的任何事情）。但是，做正确的事情并不总是显而易见的或容易得到。事实上，伦理决策通常是困难的和可能会涉及一定的自我牺牲。此外，虽然这听起来很简单，“正确的事”并不总是显而易见的。如果出现我们在过去没有遇到的情况，我们需要做一定准备做出适当的反应。许多人认为，我们的本能会导致我们做正确的事情。然而不幸的是，甚至是“良好的举止往往做出不道德的决策——甚至都不知道”。道德抉择，顾名思义，是困难的。事实上，如果抉择并不困难，它可能就不是道德困境。道德抉择涉及自我牺牲，自我牺牲可能包括失去客户或工作岗位，如果你拒绝采取可能威胁公众健康或违反法律的行为，你的工作将危在旦夕，同时可能你的家人也会受到牵连。意料之外的是，一个人常常以最大的善意做出错误的决定。

识别道德困境往往需要培训，所以做正确的事需要培训。在许多方面，学习做人的道德与学习其他行为类似——从语言技能到竞技体育。就像没有人可以跳下看台，就能与奥运选手竞争，无论这人身体多么健壮。同样，表现得符合伦理道德需要持续不断的训练。道德培训，如同其他任何正式培训，包括理论和实践，如讲座和实验室工作，涉及学习什么是正确的，然后定期练习达到尽善尽美。克服人类自私本能，对道德行为如此强大的影响，就像运动员要实现成功，需要尽可能多的实践和训练来克服身体的物理限制。人们可以观看棒球、高尔夫球、网球、游泳或体操比赛等不同的视频，但完美表现只有来自反复练习。棒球选手几乎每天都有训练，但仍然在每场比赛前练习击球，职业球员经常在每一轮比赛前打一桶球。仅仅听一次关于职业行为注意事项的讲座这是远远不够的，没法指望专业人士，在涉及自己本人及其亲人面临安全风险的艰难情形下，能够正确表现和做正确的事。公司制定道德守则，并让员工签署一份表明他们已阅读并理解这些准则的证明，这也是不够的。

环境专业人士或经理的主要职责是保护公众健康和安全，但他（她）也有自己的家庭和事业、雇主或客户和环境的责任。满足这些责任将挑战环境专业人士利用系统的道德价值观和优先级。做正确的事情对环境专业人士来说，可能特别具有挑战性。由于道德困境很少发生，当道德困境出现时，环境专业人士由于缺乏准备往往措手不及。由于价值体系受腐蚀或有缺陷，有些伦理情形甚至可能难以识别。环境专业人士必须接受教育，更重要的是，通过频繁参与真实世界场景的研习班培训，才能够在面对环境困境时，做出正确的选择。

4.1.1　环境伦理学培训的演变

环境专业人士的职业道德培训起始于 20 世纪 80 年代后期，已持续了超过 20 年，起源于空气与废物管理协会（A&WMA）。当时的环境专业人士都积极参与审计产业化经营的要求，顾问受雇于公司总部，以评估现有设施和在美国其他各地的潜在厂区。本书作者当时带领审计或咨询团队，开始意识到一些工作人员并不总是报告缺陷，如果缺陷被立即纠正且工厂经理要求他们不报告时。这是本书作者发起职业道德培训讲习班的起源，以确保审计组人员了解自己的职责，学会如何处理对各种利益相关者（即客户、咨询公司、参与审计的人员）造成比较小的影响。这个培训理念最初在 1988 年 6 月在加利福尼亚州阿纳海姆举行的 A&WMA 年度会议中提出，并形成了 A&WMA 道德委员会，且已经运作了 20 多年。从 2002 年至 2008 年，在 EM 杂志中设置了一个专栏名为“道德角”，在那里具体的伦理困境以及如何解决这些问题的详细方式被展示出来。许多在该专栏中使用的困境都在本书后面介绍。

4.1.2 环境伦理学准则的演变

在 20 世纪 80 年代末，本书作者在国家、区域和地方层面，以及在美国和加拿大的其他专业技术人员中推广环境伦理研讨会。从这些研讨会的反馈发展了 A&WMA 道德准则，形成美国环境工程师学会和环境专业实践研究所的类似道德规范守则的基础。大约在同一时间，一些领先的环保咨询公司，如 AECOM（前身为 ERT），本书的另一作者是该公司环保实践的领导者，有着强制要求所有员工执行的职业道德守则。作为道德准则的一部分，A&WMA 制定了一套环境专业人士可以用它来解决道德困境和做出正确决定的优先顺序。环境专业人士的首要责任是保护公众健康和环境，其次是家庭和事业，随后是雇主和客户。A&WMA 道德准则详细规定了环境专业人士的工作重点和职责，并为可能存在违反公共卫生优先级的经理或客户提供了处理处置的坚实基础。通过由环境专家组成的委员会制定 A&WMA 道德准则，是一个很好的例子（见附录）。

4.1.3 培训使（环境）伦理有效地法制化

今天，许多公司有很全面的道德准则，其中包括要避免的特定伦理小节。对于一个大公司，准则是广泛的，与设计师、工程师、电子工程师、销售、记账、核算和各级管理人员等从业者相关。这种类型的道德准则包含了很好的指导督促员工做正确的事情，但遗憾的是没有提供评估什么是正确的事情的指导。虽然这种类型的准则是职业行为的指南，它并不提供来识别和避免产生道德困境的指导，不适合于专业人士来处理他们可能面临的道德困境。

此外，道德守则往往是由公司的法律工作者制定的。然而，律师对行为有不同的标准，尤其是在律师-当事人特权的背景下，与本书中环境领导者和专业人士的执业主张不同。从历史上看，保持律师-当事人交流的机密是一名律师的最高职责之一。律师应用这个“律师特有的伦理”的一个极端例子发生在南加州。被控为谋杀罪和抢劫罪的两名犯罪嫌疑人分别由不同的律师（简称甲、乙律师）辩护，当事人接受了各自律师的面谈。甲律师接到乙律师的电话，说道“我的被告对犯罪事实供认不讳，但表示是你的当事人射杀了受害者”。甲律师将该信息告诉了他的当事人（甲当事人），甲当事人打开了他的公文包，从里面拿出一把枪，并说“那个叛徒，我会告诉他告密者的后果什么！”然后跳起来并跑出了甲律师的办公室。目前的法律问题是，甲律师是否应该打电话告诉乙律师留意他的当事人会过来袭击？大律师公会的反应是“不”！律师与当事人之间的信息是保密的。因此，在律师-当事人保密规则下甲律师不能打这个电话。随后，律师协会修订了其判决，并对保密规则进行破例，允许律师为防止人身伤害采取所需的任何行动。这在当事人-律师特权合同下处理环保顾问工作很有价值。参见 4.2.3 节，类似的案例如道德困境将被讨论。在这里，如果顾问的调查结果发现一个对公众健康迫在眉睫的危害，专业人士的首要责任对保障公众健康，显然胜过秉承律师-当事人特权合同中的约定。在另一方面，涉事的律师会发现，对客户信息保密是他的优先职责。

通常，公司对雇员每年会有一次或两次道德会议，关于公司道德准则的演讲，然后他们签署一份确认他们已经阅读并理解这些准则的声明。这些会议从来没有真正涉及人类自我保护的本能。环境专家认为会议比较敷衍，当他们出现差错时介绍的东西很少对日常经营产生影响。公司制定道德守则，并让员工签署一份表明他们已阅读并理解准则的证明是不够的，万一有员工在履行伦理职责犯错时，这仅仅是制造一个假象来保护企业管理者脱离法律责任。以常规伦理研讨会的形式反复演习，使与会者深入讨论环境专业人士在工作中遇到的道德困境，是非常必要的。这可能是至少每月举行的一小时会议，在主办方提供的午餐上进行。最初，教练应该建立一个固定形式，但几个月后，团队推举一个可以调解讨论的领导者。本书是为这样的领导者设计的一本手册。

4.1.4　参与式研讨会与案例分析

有许多关于伦理的书涉及在压力下人类行为的哲学，教授经常使用假设的主题来做讲座，例如，经典的故事如两个人处于只够一个人生存的木筏上。道德的一般研究（即做正确的事）很有趣，但这样普遍地它往往不能在现实世界中应用。当面对现实世界的道德困境时，一个人不能从假想的“二对一木筏”情形中做出适当的反应。在本书中，有超过 50 个环境专业的真实的伦理挑战被识别和分析。

培训不是一次性的活动，而是一个持续的过程。我们建议对环境专业人士伦理道德的培训模式，是有计划的一系列参与式研讨会，其中与会者回顾基本原则，并鼓励他们讨论现实世界遇到的情况。应该有一定数量的参与者提出反对意见，从而促进更深入的了解。每次会议主持人从介绍六大支柱特征（诚信、尊重、责任、公正和公平、关爱，以及公民道德和公民权）开始，参与者解决处理具有挑战性的问题时，应特别注意是在环境保护这个大背景下。主持人可以使用 CRC 出版社网站上给出的幻灯片，提出公司道德研讨会的开场白。经过一番讨论后，会议的其余部分都应集中在解决道德困境上。

本书第 5 章和第 6 章所讨论的案例研究，包括了环境专业人士在现场或办公室可能遇到的问题。通过与员工回顾这些例子，并实施自己的一套道德价值观，企业在其工作人员中撒下阻止不当行为意识的种子。

环境专业人士往往面临着要求他们使用自己的判断，以确保他们采取的行动是正确的。人们并不总是固有的以正确的方式做出反应，因此必须经过培训考虑所有相关的问题，并与同事公开讨论以培育道德文化。虽然道德行为文化，从领导层向下流动，但也必须从底部建立。它始于教育学生，培养中层管理人员，并给环境专业人士理论联系实际的练习。同样重要的是，整个组织的人彼此交谈沟通，通过这样做可以确保做正确的事，而不是密谋做错误的事情。研讨会中的一个难题是不愿批评同事，生怕激怒他们，接受客观的批评意见可能是一个障碍。有明确讨论主题和议程的正式道德研讨会，往往能穿越这一障碍，并帮助建立学习做正确的事情的势头。这种参与式研讨会的模式可以帮助企业构建一个伦理文化。

4.2 实施环境伦理学培训计划

伦理道德行为是后天习得的，而人类天生就有一种自我保护的本能。通过职业道德培训来对抗这种自然本能是必要的。正如运动员必须训练自己的体能使其体能达到巅峰，环境（或其他）专业人士需要通过道德培训，以确保他们在困难情况下继续保持道德行为。

4.2.1 环境伦理学培训计划的架构

道德培训中最重要部分是对真实或假设的案例进行定期讨论。由于这种类型的讨论很少自发进行，他们必须按计划和常态化进行。最初的几次培训将覆盖基本价值观、环境专业的责任、管理层的地位和公司处理道德问题的工作方式。随后的培训应集中于个案研究——使用价值体系和以前学过的工作方式来评估替代方案。

我们建议伦理项目应跟随相应的组织团体。最好是组织中的组员是在同一领域，以便定期召集员工召开一小时的会议，可以与任何常规会议一样容易。理想情况是，这些讨论在正常工作时间内举行，但在午休时间进行对话也是很有效的，如果员工自愿参加的话。假如用人单位提供午餐，这样的安排效果最好。公司的道德培训师将在各组培训一位引导者，提供培训材料，并观摩个别研讨会以帮助提高质量。引导者培训包括汇集那些自愿或经推选来协助引导的人士，教练以及所推选的学员将举行一场类似研讨会，直至引导者学会掌控。除了上一段讨论的信息，引导者将学习在没有对参与者进行说教的情况下如何主持会议，如何应对试图主导会议的强势个体，以及如何敏感地发现胆怯的参与者。理想情况下，部门经理和最高管理层的代表应该出现在主持人组和个人组的启动会议上。他们应当说明公司的立场，并告知雇员做正确的事是其义务和责任。如果可能的话，高层管理人员应全程参与一整天的研讨会，应使他们熟悉该项目，回顾正在讨论的价值观，并就当道德困境出现时使用的工作方式达成共识。在高层管理人员参加的会议上，培训师在介绍完项目后角色可以转变为引导者。然而，有些人认为可考虑为会议使用第三方引导者，而且有些教练也提倡这样做。如果企业规模很大，有许多个人团体，高层管理人员的介绍性发言可以通过视频来完成，而教练与企业员工需准备一个演示文稿大纲和脚本。视频是公司关注的价值观声明，使得所有员工认识到问题并做正确的事。美国联邦量刑准则识别出一个有效的环境合规计划，包括价值观和道德观培训。万一有员工发生环境违法违规行为，本次培训视频可以提供管理层对环境承诺有说服力的证据。这反过来又可以说服美国司法部或者环境保护局以避免根据指引导致的任何刑事起诉。

大多数企业没有一个指定的伦理道德官员，尽管这一趋势正在发生变化。因此，任何环境专业主管应在培训计划中包含定期的伦理研讨会。本节将介绍如何制订和实施这样的道德培训项目。

第 1 步：与你想要培训的员工或组织召开一个会议。说明你的目标——开放对话，培训参与者，以适应道德情境。选择一个他们都了解的伦理道德情境，或使用比较典型的情境，即客户不希望你透露你发现的违规行为。在初次会议中，尝试了解该小组已经遇到的情境。他们不必透露他们如何处理这种情况。并解释说，以下会议的目的是共同制定处理这种伦理困境的最佳程序。最后，讨论后续会议的日期和持续时间。

第 2 步：使用受过训练的引导者以进行最早的五次研讨会，并指定内部员工作为引导者进行培训。引导者至少在第一个半年或一年，应利用视觉效果如 PPT 来介绍各个研讨会，这取决于研讨会的频率。该主持人应该是外向的、善于分析的、聪明的、能够理解问题并提出引导性的问题以促进讨论。解决方案应该从讨论中出现，但是引导者当解决方案出现时应该能够识别它。最后，指定一个记录员来记录讨论，但会议记录要保密，因为透露出去可能会限制讨论。

4.2.2　环境伦理决策——案例描述

即使是识别道德困境也往往需要培训。例如：

你是一家咨询公司成功的年轻项目经理，该公司与几家主要的制造企业具有国民核算账户。因为以前的出色表现，你被分配在这些大公司之一的多家工厂来管理环境评估。合同在法律指导下进行，其结果将以保持法律优先的规定来处理。你发现工厂释放有毒化学物质，知道其会深深地威胁公众的健康。你联系律师查明谁下令这项研究和上报你的调查报告。律师指导你停止在该地的工作，跳槽到另一家工厂，并没有以书面形式提交你的调研报告。你指出需要报告给政府机构。律师提醒根据合同你应对调查结果保密，并告诉你如果有任何报告，律师会处理。你会收到警告说这个信息或这段对话将是保密的，“保留在我们两个人之间，不要与任何人讨论”，你尝试想知道律师将如何处理这方面的信息，将会遇见以下评论，“这事不是你关心的，你做你的工作（即调查），我做我的。如果我需要任何额外的信息，我会问”。

你不知道有毒物质释放事件何时或者是否被报道。从与律师谈话中，你知道你想得到有关此类更多详细信息的任何企图都会遭到敌意。你是否应该服从建议跳槽到下一个工厂？或将调研结果写入正式报告中？你的客户可能不会为这种行为付款，因为你被命令不要报告。不管是不是在这种状态下法律要求你报告有毒物质释放，如果一些不良健康影响发生时，受害方可以起诉制造企业。最终，会发现你和你的咨询公司已知晓有毒物质释放这件事。如果你的客户决定不报告呢？

这实在是一个道德困境，并面临一些困难的抉择。如果你从来没有想到过这样的矛盾，你可能会遵循律师的建议。毕竟，律师告诉你根据法律应该怎么做。此外，你的公司签署了一份合同，说数据是保密的。你可能会想：“好吧，我去到下一个地方，这并没有任何风险”。

如果该情形或类似情形已在道德培训会议上讨论过，你可能已经知道公司会告知，如果有必要，向你的主管或更高级别的领导来报告这一情况。你的主管需要确保采取一些纠正措施以保障公众健康。也是在这堂训练课中，你会了解到，作为环境专业人士，你的首要义务是保护公众健康。你知道放下这个问题并跳槽到下一个工厂，是不应该做的事情。你时刻准备做正确的事。咨询公司对这个问题具体是如何解决的取决于与当事者的关系。一些考量因素将在下面讨论。但是，如果咨询公司曾定期举办道德培训，在这样的情况下，管理层对这种情形是知道的，可以有信心和外交手段来实现。

4.2.3 案例学习讨论

在确定了环境顾问保障公众健康的责任，我们可以探索在特定情况下责任如何应用。考虑已经描述过的案例。这位年轻的项目经理刚刚结束与客户、律师初步的电话交谈。如果咨询员有过职业道德培训，他或她会提交该情形至管理者之前，遵循价值观清单（见表 4.1）。最重要的是，确定事实是，数据是否有错误？已进行验证测试运行？在上报管理层之前有未涉及的同事来对调查结果进行复核？显然，必须保持数据的机密性。然而，有这么多的利害关系在其中，顾问的结论不能是错误的。

在打电话给客户之前所有这些问题都被检查和进行必要的分析来确定对公众健康的风险，然后是时候来咨询管理公司了。如果这个检查仍在进行中和需要一定的时间，那么管理层必须被告知和知情这个验证计划。对管理层来说，如果关于现场情形的第一次电话是从客户那里打过来的，那是不可接受的。

理想情况下，在举行管理团队见面会时，项目经理可以阐明事实。咨询公司和客户之间的沟通路径是明确的，通常在每个企业的高层有已建立的关系。应采取必要的行动以报告有毒污染物的排放。项目经理应该参与到客户希望的程度，但应该保持知道随时可能发起的诉讼。在这种情况下，保持尊重和相互关心是非常重要的。最初客户的代理律师似乎比较武断，项目经理可能会感到有些敌意。然而，在这两个公司的管理层做出行动计划之后，项目经理和律师将可能需要共同努力来应对。因此，项目经理从一开始就对律师保持恭敬态度和有能力胜任的态度是很重要的。

人的本性可能会导致在困境中一些我们的自发反应，从而扰乱了业务关系。在案例研究中所描述的情况可能会导致自发反应。然而，项目经理在道德研讨会所面临的一个假设情况，与这个一样，提醒人们需要练习保持克制和维持尊严。在大多数情况下，可以实现各方满意的结果。然而，万一你的管理者没有做出适当的反应，你不能免除做正确的事的责任。

你必须用有尊严的行为追求恰当的行动，牢记公正和公平的价值观。试着换位去理解那些与你不同意见的人，尝试用事实和理由说服他们。保护公众不暴露于有毒污染物是主要的，但前提是这样做不会产生更多的不良影响。更不利影响可能是工厂因糊涂雇员的疏忽大意导致排放有毒物质，从而遭受严重处罚导致工厂倒闭，使得工人失业造成身体和情绪压力。同情由于工厂关闭而遭受痛苦的家庭与做正确的事并不矛盾。每个人必须建立自己的价值观，这在某些情况下，将意味着因为价值观不同而离开公司。人们在做这么重要的决定之前，使用如表 4.1 所示的价值检查清单以评估所涉及的问题是很重要的。

4.2.4　案例学习的价值检查清单

价值清单（见表 4.1）初步反映了作者的一些想法，还需要进一步的深入思考，它既不非常完备，也不是天生注定正确。建议读者将价值清单作为一个出发点来对照检查问题的方方面面，每当专业人士面临道德困境时可以套用此种表的形式进行评估。在初步比对或填完价值清单之后，把你的想法与同事、上司或一群知己进行深入讨论。

道德培训对每个人都非常有价值，它使我们对伦理问题敏感，时刻准备着在道德困境的情况下做出适当的回应，道德困境通常是意想不到出现的。研讨会邀请管理层参与是特别有效的，因为管理层可以分享他们的价值观，员工在疑似道德困境发生之前，可以对管理层可能做出的反应比较放心。想象一下，一位CEO在研讨会里站起来说："我一直推崇真理，如果你告诉了客户真相，你永远不会有麻烦，有任何冲突直接来找我"，使得员工对雇主会支持做正确的事的信心会倍增。这些道德研讨会，除了降低员工因一时冲动做错事的风险，还建立了管理层和员工之间的信任，加强各方面联系。

我们建议每半月或每月召开一次探讨道德困境的研讨会，这些讨论应持续半天或全天，在这里对建议的价值观进行阐述和讨论，以及介绍管理者处理道德问题的建议方案。

表4.1 案例分析价值清单

价值观	事项	行动
诚信	报告和数据分析要做到准确和全面，对所有问题予以回复。给予调研报告参与者适当的信任	披露调查结果而不隐瞒任何可疑细节，坚持准确但无拘束的对话，包括向你的员工
诚实		
正直	敢于上报调研发现的不利结果，提示可能产生的后果，并建议客户提前做好准备	及时向你的客户和上司报告
诚意	对严峻事态和可能产生的后果表示深切关注	对与客户的所有交易表示深切关注
忠诚	在一个比较敏感的职位上，维护好你公司的利益	通知你的上司，接受处置过程中各种做法
信守承诺	满足显性和隐性的合同要求	对评估数据保密
尊重	对与客户、上司、同事和下属的所有交流活动保持礼貌和尊重	多说"请"和"谢谢"，感谢客户的支持
有礼貌		
守时	准时参会，满足项目的截止日期	在可能会错过截止日期的情况下，尽可能快地通知客户
自我决断权	尊重每一个人自己做出决定的权利，即便是决策失误	一开始就提供明确的方向；不在公众面前批评别人
责任	时刻保持最新技术的相关知识，熟练地掌握专业性工具	确保有毒物质释放检测采用的是目前最佳测量技术
追求卓越		
胜任	从技术、安全、管理等角度来看维持对局势的控制	证明其能力
勇气	勇于做正确的事情，即使其后果可能很不利	确保客户（或责任方）进行了适当的清理

（续）

价值观	事项	行动
自我约束	考虑事实和周边环境。行事之前咨询上司和同事	向高层管理者报告情况，协助制定一个行动计划
正义与公平	认识到每个困境均有不同的解决方案，乐意考虑其他方案，当事态严重时可与独立的第三方评估合作	试着学习和理解律师任何的可操作计划。推荐客户听取其他意见以验证调研结果
开放的胸襟		
勇于承认错误	认识到错误并公开承认。投放产品之前将进行独立的第三方评估来验证	如果数据中存在任何异常现象，立刻揭露它们。利用不相关的同事进行交叉检查
关怀	帮助他人实现其合法目标	为律师处理有关事务提供帮助，并说明风险和收益
仁慈		
慷慨	提供资金、无私帮助、解决问题的建议等	满足客户有关非正式会面讨论问题的要求
同情	认识到各种行动对员工家属和其他利益相关者等造成的不利影响，并试图将不利影响降到最低	在寻求道德困境的解决之道时，请时刻牢记对利益相关者的影响
避免伤害他人	保护公众健康和关心公益事业	寻求快速解决方案，以减轻对健康和福利的影响

4.3　教育学生和领导者的有关环境伦理内容

4.3.1　对环境专业的研究生开展教育

环境伦理这一学科还处于萌芽阶段，尽管目前研究生院在环境伦理项目方面，还没有进行广泛研究和相关数据可供获取，但可持续发展项目可以作为一个替代措施，包括可持续发展工程也是工程项目的理念已被广泛接受（某种程度上包括80%前100强的工程项目）。最近美国国家科学基金会（NSF）资助的一个基准研究项目，留意到可持续发展工程已进行到了一个非常关键节点。虽然有很多重要的基层草根活动，更进一步地需要为可持续工程建立一套社区标准。

认识到需要这样的培训，工程技术评审委员会（ABET）现在要求将道德培训作为委员会对环境专家认证的一部分。为了获得专业认证，工程师必须从

ABET认证的大学的工程专业毕业，许多州必须进行一定数量的道德培训。本书旨在提供指导和文字材料，以支持大学道德教育，以及培训从业者、领导者、有关行业工作组和相关咨询活动的伦理研讨会。

大多数情况下，环境专业的研究生，与其他众多领域一样，缺乏各个方面的相关经验。他们通过高中和大学生活，偶尔从非专业的工作经验中理解了“对”与“错”的概念。如前所述，他们可能会基于本能反应仓促做出决策，而缺少对问题的进一步深入考虑。因此，他们必须学会识别出现的伦理问题，以及如何正确地应对可能面临的挑战。

他们可能已经学会了编写程序和操作计算机，可能是思路清晰并擅长公开演讲。但因很少进行完整的道德培训，应在他们参加工作面临实际挑战之前，在头脑中牢固树立环境伦理理念。

在完全的经济衰退中，我们讨论了企业和政府领导者如何试图应对目前低迷的业务，以及如何欺骗和掩饰基于人类本能而自然发生的结果，描述了管理层如何试图通过发布涵盖具体活动的详细道德守则以处理这种情况。我们已经找到最有效的培训是识别不当行为，共同地决定困境该如何解决。

上一节介绍了满腹经纶的研究生出于本能做出仓促应对的过程，以及推荐了继续教育的方法。对于环境专业研究生，问题首先在于如何正确识别道德困境，然后才能解决。我们建议将全班学生分成 5 ~ 10 人一组，有一个学生（或教师）充当引导者。当解决方案达成共识时，一个组员将调查结果报告给重新分组后的班级，当公布调查结果之后，报告者或老师作为主持人主持本场讨论，班里其他成员可以对调查结果表示反对或支持。

主持人应监督小组以确保参加者正确地表达，并添加有关启发性评论以发起讨论。教师应积极参与小组讨论，然后对学生调查结果进行总结，并保留他们的记录备查。

我们建议利用一堂课的时间专门讲解有关个人行为和道德方面的问题，在这堂课的后半部分，主要讨论如何解决好前面已描述的伦理困境。最后，教师应鼓励学生将这些材料带到他们的工作场所，并建议定期组织伦理研讨会持续进修。

4.3.2 对商科学生开展教育

环境问题往往是社会政治的选择，政府和企业都面临着管理大量不断扩张的，横跨实体、金融、地缘政治和社会关注等问题的挑战。随着市场的参与者和监督者（监管者、投资者、融资者和消费者）越来越多，综合金融和可持续发展的报告由自愿转向必不可少。企业和市场，包括投资者，都开始追踪和转向关注可持续性的表现。这些看似非经济影响因素非常重要，因其是连接组织完整性和长期价值之间的关键纽带。要管理好组织、企业和领导者，新的竞争力体现在管理好公开透明和尽职负责，特别是在未来经济中，成功的企业应建立道德文化。领导者需要深入了解确定哪些环境、社会和治理指标对他们是非常重要的，并与他们的业务密切相关，以及如何最好地管理他们。此外，今天的年轻人积极寻求与他们的价值观一致的职业，给他们一个愿景，通过他们的工作对世界产生积极影响，达到这点需要在顶层进行教育和培训。

受这些因素驱动，可持续发展和绿色企业席卷了数以百计的管理项目，无论是在美国还是世界各地。整合道德和可持续发展教育进行培训的商学院在过去的 20 年一直在发展。一些学术机构，如组织和自然环境管理学院（ONE），企业可持续发展研究联盟（ARCS），以及国际高等商学院协会（AACSB），促进可持续发展相关的研究和教学。考虑到给予有道德操守的公司越来越多的关注，并满足企业领导者可以建立一个道德文化的需要，国际高等商学院协会已建议将伦理内容纳入商学院课程。世界环境中心（World Environment Center）和 Net Impact 也证实，毕业生需要将内部技能如了解公司的内部功能等，与外部技能如接受客户和其他利益相关者的观点等结合。该组织旨在激励以及为热衷于追求事业的商学院学生提供实用工具，来实现“净影响不仅仅是有利于商业利润，而且对人类和地球一样”，当然对道德的目标，以及可持续发展维度也管用。

阿斯本研究所的《超越灰色地带》对将社会、伦理和环境问题整合到课程内容和教学研究的全球 100 强商业项目，每两年进行一次评级，数以百计的项目包含了道德、社会和环境等方面的课程内容。教师来自不同的学科背景，如战略、运营、创业、营销、金融，均将可持续发展整合进各科课程之中。许多领先的方案强调体验式学习，如通过案例分析、模拟和咨询项目。相当明显的是，哈佛商学院出版，商学院课程案例材料的主要来源，现在拥有几千个特色企业解决社会和环境方面的挑战和在商业中的机遇等方案的案例。一些学校往往仅强调环境问题的可持续发展，另一些学校比较注重社会属性，通常以社会企业的名义，然而很少有学校将两者整合到一起。

无论教师还是业界代表，均认为扩展与商业有交流和影响的其他学科很有必要，如政策、科学、技术和复杂系统。

然而大多数 MBA 课程，没有给学生足够的空间和足够的科学素养，来深入了解企业面临的若干深层次环境问题。为填补这一空白，少数机构提供了双学位课程，使学生在攻读 MBA 时，可以同时攻读以科学或技术为导向的环境科学或管理方面的硕士学位。这些联合学位课程给学生和潜在的雇主提供了巨大的价值，使毕业生深谙企业可持续发展项目中技术和商业方面的内容。

另一个挑战是，以可持续发展为主题的课程作为一般选修课程，将其纳入自选课程组，这样商学院的绝大多数毕业生都没有接触到这些课题。将整合完整的可持续发展、道德或社会责任课程纳入商学院的核心课程，在大多数地方是不太可能的，所以大多数学校采取比较容易实行的做法，就是将这些概念引入到现有的课程。这种方法的好处是，它反映了现实世界中可持续发展渗入到企业组织的方方面面，然而其缺点是没有足够的深度。展望未来，学校和项目可以平衡可持续发展知识的深度和课程的广度，培养出用人单位最看重的毕业生。随着现实世界对可以促进企业与社会之间新的社会契约关系的专业人士的需要，这样的毕业生将有更大的需求，并会对有目的重新定义资本主义产生很大影响。

企业伦理商业圆桌会议研究所（成立于 2004 年）认为伦理是一个必需的核心课程，但由于它的跨学科性质，应当纳入所有商业课程。从 2008 年开始，国际高等商学院协会（AACSB）每年举行可持续发展会议，这里发起创新项目的教师，有机会展示自己的课程和教学模式，以教授商务专业本科生和工商管理硕士来分享其最佳实践。2009 年年底，第一个合规和道德论坛汇聚了商界和学术界领袖，来共同分享合规和道德方面领先的思想和做法。企业伦理学院的学术顾问指导课题组进行基于案例的练习，这种知识共享通过合规领导力交互式培训项目的演示进一步增强。最近，在 2012 年第四届 ARCS 峰会上，一组行业领袖，包括几位来自财富 100 强企业的首席可持续发展官，被邀请作为点评嘉宾对商学院是否满足他们的需求进行评价。点评嘉宾评论说，商学院对技术导向的商业技能（如现金流量折现法和优化）做了相当有效的工作。但他们进一步认为商学院要更加重视软技能，比如理解如何将可持续发展渗透到组织文化中，并知道当环境选择不提供双赢的解决方案时，如何进行艰难权衡抉择。

贝克为学习商业伦理的学生推出了体验式练习——商业道德无处不在（BEE）。本书作者观察到，大部分目前的教学工具，专注于识别道德问题，对哲学伦理或道德框架或其他结构化的决策标准的运用，或两者兼而有之。虽然他们增加了学生的认识和解决伦理困境的能力，这只是道德行为的一个前提和必要因素，学生也无法在企业组织情形下实施。通过对自己和其他利益相关者所选择响应的影响，他们因为想象而缺乏务实动手元素。商业道德无处不在（BEE）是作为一个体验式的练习，把他们带到了下一个步骤，即关于如何解决这些伦理困境。要求学生反思他们组织最近经历的伦理问题，考虑有什么事本来可以不这么做，以及为什么。这个练习开始的既定学习目标，是识别工作场所的各种伦理问题，运用推理框架，提高学生考虑组织的实际情况进行抉择的能力。

我们的主题也许是更侧重于环境伦理。尝试通过识别专业人士可能面临的无数道德困境和提供建议的处理困境的办法，来培养环境专业人才。本书提供了一组强大的在组织中可能会遇到环境伦理方面的 50 多个潜在难题。在深入解决困境之前，我们讨论专业人士处理该情况时应遵循的基本原理。最后，建议方法是在经常性计划参与式的研讨会中使用的案例，其能非常有效地取得学习目标成果，但无可否认的，伦理问题的范围较窄，即可能会只面向那些环境从业者——领导者和专业人士等。

4.3.3　伦理型领导者的品质与机制

发展组织道德和为他人创建道德被学术文献认定为领导作用已超过 70 年。文・萨尔尼——PPG 公司的前首席执行官，说首席运营官（CEO）代表首席道德官。施恩介绍了领导者雇用员工三个主要的领导力机制：以身作则和用行动来证明，实行奖励或补偿制度，用道德作为一个很重要的因素来聘请（包括提拔）和解雇员工。领导者希望员工专注于重要的事情。更重要的是领导者的所作所为。

作为榜样的道德领袖的预期行为，可以概括为以下几点：

1）致力于将高标准应用于所有；

2）将对公众和消费者做得最好作为首要标准；

3）愿意诚实和公开地面对；

4）及时采取适当的行动；

5）主动阻止问题；

6）以身作则优于所有；

7）就像销售额和利润一样将道德视为绩效指标；

8）学习商业中法律和伦理方面的知识，不为无知辩护；

9）不将同行的标准较低作为借口。

但即使是“优秀的管理者往往也会做出不道德决策——甚至没有意识到”。偏见被认为无故意不道德决策的主要来源，包括产生于无意识信念的隐性偏见、组内偏爱、过分信任、与对你有利的人产生利益冲突。作者警告说，简单的信念、真诚的意图，或更努力是远远不够的。

以上讨论的集中在道德领导力。正如在前面几节的讨论，我们看到道德（最近也称为或纳入术语“治理”）为可持续发展背景下常用的三重底线的四维扩展。因此，专业领先的环境伦理问题，应结合领导素质和机制。

维瑟将可持续发展的领导者定义为“启发并支持建立一个更美好世界的行动的人”。这与环保领导者建立诚信文化特别相关。他确定了一套特质，包括候选领导者的个性、风格、技能、知识和特点，以及内部和外部的行动。

1）个性：领导者应该充满爱心、思想开放、善解人意、勇敢无畏以及思维全面。

2）风格：领导者的风格可以是包容、远见、创造、无私以及激进的结合体。

3）技能：预期的能力包括驾驭复杂局面、沟通交流、抉择判断、应对挑战、追求创新和考虑长远。

4）知识：广博的知识应该包括全球性挑战和难题、跨学科之间的联系、动态变化和选择、组织的影响和冲击，以及理解不同的利益相关者的意见。

5）内部行动：好的可持续发展领导者包括做出明智的决策、提供战略指导、各具特色的管理激励机制、确保绩效责任、充分授权、持续学习和创新。

6）外部（利益相关者相关的）行动：包括促进跨部门合作、创造可持续的产品和服务、促进可持续发展的意识、转变语境和确保透明度。

总之，可持续发展领导者必不可少的关键特征是理解力全面系统，情商智商高，以价值为导向，以及具有良好的愿景、包容的作风、创新的方法和长远的视野。

参考文献

1. Ethics Resource Center, "2004 Pace Leadership in Ethics Award Acceptance Speech by Norman Augustine," http://www.ethics.org.
2. Ethics Resource Center, "ERC Honors the Late Carol Marshall with the 2009 Pace Award," last modified March 25, 2010, http://www.ethics.org/ethics-today/0310/carol-marshall.html.
3. M.R. Banaji, M.H. Bazerman, and D. Chugh, "How (Un)ethical Are You?" *Harvard Business Review*, December 2003, pp. 3–10.
4. The Air and Waste Management Association (A&WMA) is headquartered in Pittsburgh, Pennsylvania, and its website is http://www.awma.org.
5. *EM*, *Environmental Manager*, is a magazine published by the A&WMA.
6. See appendix for the A&WMA's code of ethics.
7. AECOM, formerly ERT, is one of the largest environmental consulting companies in the world.
8. San Diego County Bar Association, "Ethics Opinion 1990–1," accessed December 2012, http://www.sdcba.org/index.cfm?Pg=ethicsopinion90-1.
9. Michael Josephson, "Making Ethical Decisions," accessed December 2012, available at http://www.sfjohnson.com/acad/ethics/Making-Ethical-Decisions.pdf.
10. Reynolds Wilcox and Louise Theodore, "U.S. Federal Sentencing Guidelines and the Development of Ethics Education Programs in the Environmental Industry" (paper 96-TP16IA.05 presented at the 89th Annual Air and Waste Management Meeting, Nashville, June 23–28, 1996), p. 273.
11. Hal Taback, "Ethics Training: An American Solution for Doing the Right Thing," in *Engineering and Environmental Ethics*, edited by John Wilcox and Louis Theodore (New York: John Wiley Price, 1998), pp. 267–274.

12. Ibid., pp. 267–274.
13. Ibid., pp. 274–279.
14. Ibid.
15. Ram Ramanan, "Cover Story—State of Post Graduate Environmental Education in the US and the World," *Environmental Manager*, September 2012, pp. 1–5; H. Taback and R. Ramanan, "The State of Ethics Training for Environmental Professionals," *Environmental Manager*, September 2012, pp. 25–27.
16. David T. Allen, "Incorporating Sustainability into Engineering and Teaching" (presented at A&WMA Annual Conference and Exhibition, San Antonio, TX, 2012).
17. Cynthia S. Murphy, et al. "Sustainability in Engineering Education and Research in US Universities," *Environmental Science and Technology* 43, no. 15 (2009).
18. Ram Ramanan and W. Ashton, "Green MBA and Integrating Sustainability in Business Education," Air and Waste Management Association's Environmental Manager, September 2012, pp. 13–15. Accessed December 2012, http://stuart.iit.edu/about/faculty/pdf/green_mba.pdf.
19. Ethisphere, "World's Most Ethical Companies," accessed December 2012, http://ethisphere.com/worlds-most-ethical-companies-rankings/.
20. World Environment Center and Net Impact, "Business Skills for a Changing World," accessed December 2012, http://www.wec.org/events/net-impact-wec-business-changing-world.
21. Ibid.
22. Aspen Institute Center for Business Education, "Beyond Grey Pinstripes," accessed December 2012, http://www.aspencbe.org/.
23. Harvard Business School Publishing, "Insights and Publications," accessed December 2012, http://harvardbusiness.org/.
24. These schools are American University, Duke, Illinois Institute of Technology, University of Michigan, and Yale.
25. An association of CEOs of U.S. companies with $6 trillion in annual revenues and 14 million employees, housed at the University of Virginia's Darden School of Business, which links ethical behavior and business practice. See http://www.corporate-ethics.org; *Shaping Tomorrow's Business Leaders: Principles and Practices for a Model Business Ethics Program* (Charlottesville, VA: Business Roundtable Institute for Corporate Ethics, 2007).
26. AACSB, "The Association for Advancement of Collegiate Schools of Business (AACSB) Sustainability Conference," accessed December 2012, http://www.aacsb.edu/sustainability/.
27. *Compliance and Ethics Forum, Summary Report, Leading Thoughts and Practices* (Charlottesville, VA: Business Roundtable, Institute for Corporate Ethics, 2009).
28. "Industry Leaders Panel Discussion" (Fourth Annual Conference of Alliance for Research in Corporate Sustainability, Yale University, CT, May 16–18, 2012), accessed December 2012, http://www.corporate-sustainability.org/conferences/fourth-annual-research-conference/.
29. Susan D. Baker and Debra R. Comer, "Business Ethics Everywhere: An Experiential Exercise to Develop Students' Ability to Identify and Respond to Ethical Issues," *Business Journal of Management Education* 36 (2011): 95–125.
30. C.I. Barnard, *The Functions of the Executive* (Cambridge, MA: Harvard University Press, 1938), p. 272.
31. L.K. Trevino and K.A. Nelson, *Managing Business Ethics: Straight Talk about How to Do It Right*, 2nd ed. (New York: John Wiley & Sons, 1999).

32. E. Schein, *Organizational Culture and Leadership* (San Francisco: Jossey Bass, 1985).
33. E. Schein, *Organizational Culture and Leadership* (San Francisco: Jossey Bass, 1985); L.K. Trevino and K.A. Nelson, *Managing Business Ethics: Straight Talk about How to Do It Right*, 2nd ed. (New York: John Wiley & Sons, 1999).
34. L.K. Trevino and K.A. Nelson, *Managing Business Ethics: Straight Talk about How to Do It Right*, 2nd ed. (New York: John Wiley & Sons, 1999).
35. Ronald R. Sims and Johannes Brinkmann, "Leaders as Moral Role Models: The Case of John Gutfreund at Salomon Brothers," *Journal of Business Ethics* 35 (2002): 327–329.
36. M.R. Banaji, M.H. Bazerman, and D. Chugh, "How (Un)ethical Are You?" *Harvard Business Review*, December 2003, pp. 3–10; Scott A. Quatro and Ronald R. Sims, *Executive Ethics—Ethical Dilemmas and Challenges for the C-Suite* (Charlotte, NC: Information Age Publishing, 2008), pp. 3–10.
37. Wayne Visser and Polly Courtice, "Sustainability Leadership—Linking Theory and Practice," SSRN Working Paper Series, October 21, 2011, accessed December 2012, http://www.waynevisser.com/wp-content/uploads/2012/06/paper_sustainability_leadership_wvisser.pdf; also presented in the Cambridge Program for Sustainability Leadership (CPSL) (2011) report entitled "A Journey of a Thousand Miles: The State of Sustainability Leadership 2011," http://www.cpsl.cam.ac.uk.

第 2 部分
环境伦理困境——案例分析

这本关于伦理案例的书，可以帮助环境专业人士来体会别人做出的抉择，并评价其做出抉择的理由。它还可以提高一个人的伦理意识，也就是说，使读者有意识地对其价值观和抉择进行审视，以及如何塑造他或她目前甚至未来的生活。然而，本书并非意在勾勒伦理辩论常用的伦理学基本理论和术语，而是通过实际中遇到的困境和解决方案，来审视环境专业人士所经历的冲突。有些伦理抉择是明确清晰的，然而更多是悬而未决的，通过深入审视这些问题，我们就可以在解决困境的过程中体会更多。

理想情况下，这些案例材料将被具有开展和建立环境伦理文化职责的大学教授、环境组织的管理者和领导者，用于教育学生和培训员工。此外，环境专业团体或人士会将案例用于解决在实践中可能遇到的伦理困境，以及维持专业工程师（PE）或其他委员会的认证。这些参与式的培训研讨会，帮助专业人员磨炼自己的技能，为我们的学生形成道德决策做好前期准备，可以说在对抗今天商业世界中怂恿我们所有人迷失方向的无数诱惑方面，具有非常重要的意义。

本书第5章和第6章以案例分析的形式，识别和解决了众多难题，提供各种各样的选择来测试伦理价值观，并给予学员面对正确做事挑战的实践。第5章，重点关注从业者在工作中会面对的冲突情况。第6章，从另一方面，阐释了可能会遇到从多个备选方案中选择一个进行判断或抉择的情况。本书中的环境案例并不都是真正的道德困境，其中正确的事情不清楚。更为常见的是，困境所涉及情形的正确处理方式相当明显，但难以实现。这种情况下，不急于做出抉择非常重要，因为本能的反应往往可以让你陷入被动。相反，我们处理事情时，应考虑对所有利益相关者可能产生的影响，并建立一套规则来指导决策付诸实施。

大部分环境专业人士主要开展环保合规活动，如环境科学家和环境工程师为符合政府规定而提供监测和指导。许多其他环境专业人士，可能会选择在政府规划中为社会服务，以及类似地需要专业知识的民间监督角色。事实上，环境专业人士可能是某公司的内部专业人士，专业公司或独立事务所的执业顾问、律师，以及政府（联邦、州或地方）监管者或非官方的倡导者。

运营污染防治设施的专业人士，必须学习并遵守国家、州和地方等各级环保机构的规定，他们必须遵守所有的规则，如排污许可获取，排放标准限制、测量和报告；必须进行测量，确保工厂满足合规性要求，并保留好活动记录以备有关部门的抽查；必须加强工厂运营监管，以确保全体人员遵照有关要求执行。环境专业人士，同公司中许多其他角色一样，面临时间和成本压力。虽然监管要求没有放松或下降的迹象，却经常面临经费预算和人员减少的困境。通过改进工作流程提升效能的做法，将在短期内很快达到极限，这导致管理层面临很大压力，只好减少开支，削减职位，推迟对没有直接经济回报的改造升级的投资。这些资源压力导致潜在的伦理困境，竭尽所能来满足上司的要求或需求。可能包括以下内容：

1）延迟那些本来可使工厂保持环保高效方式运行且非常有价值的维护费用。

2）延迟那些排放量较低，可保障公众健康或对环境影响较小的减排项目。

3）在解雇员工之前，制定员工失败或降级的规定，给表现良好的员工加压，以满足公司解雇员工的人力资源政策协议。

专业公司的顾问和律师，根据工厂大小、内部专业人员的技能和经验，以及所需操作的频率，承诺开展一些合规性活动。公司高层管理人员在计划进行扩张活动或为客户执行重大建设工作时，将会向专家来咨询确定行动方案。如申请新设备许可时，专业人士往往必须评估和模拟新的污染源排放，并进行健康风险评估。在某些情况下，监管机构可能会发出责令改正违法违规行为通知书，公司承诺立即纠正违法行为。这些事务涉及多方之间的法律监督、合同契约和互动交流。

1）咨询公司的员工必须特别警惕对他们研究结果进行收买的企图。

2）另一方面，咨询公司主管必须知道来自客户的任何需求，因为他们自己的工作人员可能会作弊，但认为客户永远是对的想法可能会使咨询公司陷入困境。

3）在律师-委托人特权道德标准下，律师事务所和公司内部法律顾问带来了全新水平的复杂性。

最后，政府和非政府人士需要做出明智的抉择，特别是在确定资源分配优先性，识别排放控制水平，建立规章制度，审计协议、相关的激励机制和威慑机制等方面。由于他们资格特殊，令在企业工作的环境专业人士感到鼓舞的是，他们的雇主愿意去服务于他们所生活的社区。通过担任城市或乡镇监督委员会委员，他们经常用自己的专业知识为社区项目提供指导，并帮助解决涉及环境的国内问题。

1）这些人士有义务根据其内在本性做出道德平衡的选择，同时，在今后过程中会遭遇到众多的利益群体和会议，并有与之抗衡的交涉和游说。

2）环境伦理困境出现在每一个许可审批、每一个规章制定时的公开听证会，以及数以百计的宣传和行动，这些都明确要求做出道德决定。因此专业人士要做好每天面对这些情况的准备，这需要全面的培训和持续的提醒。

3）监管机构检查人员和公司内部审计人员面临着类似的挑战，比如在确定处罚标准和适用性尺度上，确定披露违规行为深度上，以及抵制要求不发布违规新闻的压力。在公司内部报告中发现错失和故意隐藏的内容，他们的任务变得越来越艰巨。

第 5 章

环境困境——实际工作中遇到的情形

5.1 客户的律师指使咨询顾问不报告调查结果

5.1.1 困境

你是早期环境咨询公司（EEA）一个成功的项目经理，这是一家对几大主流工厂开展国民经济核算的咨询公司。你被分配到一个大公司——皇冠工业公司（CII）的多家工厂，来开展环境合规性审计。在法律顾问的指导下签署了一份合同，要求审计结果按法律规定进行保密处理。在其中一个工厂，发现了一种有毒化学物质的排放，你肯定这一定会威胁到公众健康。你联系到皇冠工业公司负责开展对接此项研究工作的律师保罗，保罗告诉你应立即终止此工作，转移到另一家工厂，不能以书面形式报告你的调查结果。你指出需要将调查结果上报给监管机构，保罗提醒根据合同规定调查结果要保密。你被告知他们的工作人员会对调查结果进行处理，警告称这些信息和谈话要保密。“不要与任何人讨论！如果我需要任何其他信息，我会通知的。把你的团队转移到下一个工厂就行了”。当你尝试了解保罗将计划如何进行的信息时，他回答“这不是你该关注的问题，你做好你的工作（即调查），我做好我的工作。如果需要任何其他信息，我会联系你的”。

5.1.2 讨论

你不知道在何时或者是否会有有毒化学品泄漏将被报告。从与保罗的对话中，你知道任何尝试知道更多处理细节的信息将会遇到阻力。你应该服从命令进入到下一个工厂？还是应该在正式调查报告中记录发现的结果？请注意，保罗不会为此行动付出代价，因为你被命令不要这么做。无论国家法律是否要求你报告有毒化学物质的释放，如果它导致不良的健康影响，受害方可以起诉皇冠工业公司（CII）。最终，会发现早期环境咨询公司（EEA）工作人员已知道有毒物质排放的信息，导致你的公司被一并起诉。但是，如果皇冠工业公司（CII）决定不报案怎么办？这是一个道德困境，属于比较难的决策。如果你从来没有预先想到过这样的矛盾，你可能会决定听从律师的忠告。毕竟，律师告诉你应该按照法律来办事。此外，早期环境咨询公司（EEA）还签署了一份合同，要求对有关数据保密。你可能会理性意识到：“好吧，我去下一个站点，这没有任何问题”。但是，你就应该这么做吗？很显然保罗不相信你能对调查结果保密，虽然合同明确要求保密。除此之外，基于诚信和尊重的价值观要求你遵守律师的指导。而另一方面，维护公众健康是我们的首要任务，保罗是否会告知监管机构？他为何不愿意告诉你他们处理这种情况的打算呢？如果他的打算是正确的，为何没有任何公开声明？显然，正确做法是报告有毒化学品的泄漏，并采取必要的清理行动。但他们会吗？你有必要知道吗？

5.1.3　建议措施

通过与律师保罗沟通后，你应该意识到道德困境的存在。首先，你应该对数据的准确性进行验证测试。接下来，在对管理层报告问题之前，你应该同无利益相关的同事检查核实调查结果，不要向同事透露与律师的冲突。显然，必须保持数据的秘密性，在如此紧要关头没有犯错的余地。

核查完毕并确定时，你应该向你的上司报告。早期环境咨询公司（EEA）应该确保采取一些纠正措施以保障公众健康，这是第一要务。回避问题而只是转移至下一个工厂这是不应该的事情。咨询公司对这个问题的解决方式，取决于公司负责人的沟通技巧。这必须有信心地、圆滑地和忠诚地来进行处理。最好的办法是早期环境咨询公司（EEA）的高级别成员（如公司律师，如果有的话）与客户的高级别行政人员接触。大多数情况下，参与层级别越高，高管们可能更关注。你应采取必要的行动，确保报告有毒化学品泄漏。

这时候保持对所有事务的尊重和礼貌是很重要的。皇冠工业公司（CII）的律师最初似乎独断，让你可能会感觉到有些敌意。然而，在两家公司达成一致行动计划之后，你和律师会在一起工作。因此，你从一开始就保持以专业的态度对待客户的代理律师是很重要的。如前所述，人类本能可能会导致对该情形的自发反应，扰乱了正常业务关系，必须避免这种本能反应。如果早期环境咨询公司（EEA）管理层对该种情形没有做出适当反应，你不会放松正确做事的职责。你必须以有尊严的方式采取适当的行动，并牢记公正和公平的价值观。试着换个角度去理解那些与你不同意见的人，试着用事实和理由说服他们。采取行动保护暴露于有毒污染物的公众是首要任务，这些行动的直接结果不应该产生更不利的影响。这可能涉及工厂因糊涂雇员的疏忽大意导致有毒物质排放，被严厉处罚而可能倒闭，工人们失业遭遇身体和情绪的双重压力。同情因工厂关闭而遭受痛苦的家庭与正确做事并不矛盾。每个人必须建立自己的价值观，在某些情况下，将意味着因价值观的不同而决定离开公司。人们在做这种重大决策之前，重要的是必须仔细考虑所涉及的全部问题。

5.2 工厂大幅超过许可范围运营

5.2.1 困境

你是质量环境服务公司（QES）的环境顾问，你的任务就是对一个重要的客户全国性公司尤蒂卡航海供应商（UNS）执行合规审计。通过与工厂人员交谈和审查生产记录后，你确定 UNS 工厂的运营范围大幅超过了许可证的限制，可能会导致排放高出许可证允许排放量 50% ~75% 的污染物。然而，UNS 提交给监管机构的报告显示，工厂排放量在允许范围之内。你进一步询问，得知该公司本将关闭该工厂，可是 UNS 工厂经理安装了一些“效率提升装置”以便提高产量，同时可以使工厂免于关闭，为工厂所在地的小城镇提供了 300 人的就业岗位，也是最重要的雇主。由于工厂位于大城市的下风向，属于本底值超标区域。可能会花费超过 100 万美元购买排放权，用于抵消新增加的排放量，而安装新的排放控制将花费更大。UNS 工厂的经理乔治劝说你保守秘密，为拯救他忠诚的员工的饭碗，他说“你看，我的工厂没有危害社区健康。如果这个工厂不存在，空气质量也没什么变化，因为污染来自于大城市”。他告诉你只有三个工作人员知道这件事，并有个私人朋友是当地空气污染防治机构的领导，也不知道这件事情。你该怎么办？

5.2.2 讨论

环境顾问对一个重要客户的工厂进行合规性审计时，会面临正确处理发展与保护关系的伦理困境。你无法不同意乔治提到的问题，你知道该工厂并不真正危害公众健康，即使在这种不符合要求的操作模式下。假如你自己不那么认真，可能不会发现存在不一致的现象。然而，该厂涉嫌违法。但是，关闭工厂将影响到 300 名员工，以及数千人的当地社区。如果 UNS 企业管理层是底线导向的，很可能会关闭工厂，而不是拿出大笔钱来购买排放权或控制装置。你能帮工厂经理保守秘密吗？

你是怎么想的？答案既肯定又否定：你设法帮助乔治，但你不保守他的秘密。首先，你有责任将情况通报给 QES 的领导。在这种情形下，你需要有清晰的思路来应对所要面对的各种情况。不要试图单干，应深入考虑前面讨论过的价值观：诚信、尊敬、责任、公正和公平、公民道德和公民意识，以及关爱。诚信要求你不能保守乔治的秘密而要说出实情。尊重需要你敬重工厂经理对员工的关爱，并试图帮他保住自己的工厂，在面临他认为不公平的阻碍时能正常运行。责任的必要条件是你遵守法律，并说服乔治也遵守它。正义和公平要求在这种情况下，法律对社区可能是不公平的表示理解。公民道德和公民意识是当你意识到法律不公平时，你无法忽视它，你有权利和义务去纠正它。最后，在这个案例中，关爱需要你对这件事给员工和其他公民等利益相关者带来的影响表示关注。你应该做的是，在道德层面帮助他们，但不能触犯法律。

5.2.3　建议措施

首先，QES 与 UNS 专业关系最密切的管理层应该跟你一起给客户说明情况。其次，支持 UNS 努力从新的许可源获得救助。如果你知道控制工厂排放量的经济性方法，建议深入研究。否则，应支持客户努力修改法律，向当地政府、立法机构甚至国会，证明目前法律是不公平的。鼓励 UNS 召集当地社区给高级官员写信解释这个问题，并提出解决它的行动方案，这显然不是一个寻常的做法，应谨慎使用。第三，建议 UNS 的律师联系当地监管机构请求区别对待，直到问题解决。要毫不犹豫地利用乔治与当地机构领导的个人关系。显然，UNS 工厂比较老，相比其他公司的工厂可能已经过时。如果该公司不希望采取这种激进措施以保持工厂运转，那么所有你能做的就是希望它“做正确的事”：要么更新设备，要么转移工厂人员到另一个工厂。后一种情况，不利于在城镇的配套企业，但这不是你这个位置的人来考虑的问题。

（这是一个真实事件，因为这个小加州城镇位于洛杉矶的下风向，从洛杉矶输送过来的大量污染，使该镇处于“严重不达标”状态。由于这个原因，该城制造业工厂面临着限制增长的问题。该公司请教作者“环保局怎么能限制我们的排放量呢？因为即使整个城镇消失，这个区域的空气质量也不会变好”。）

5.3　老板为了合同任务而给客户虚报价格

5.3.1　困境

你是环保咨询公司——温暖舒适环境公司（WFE）具有十多年经验的测试工程师。WFE 专门从事室内空气质量监测，特别擅长于病态楼宇综合征。你的主管是 WFE 的老板之一杰克，他安排你为客户的 10 层写字楼准备一个测试计划。杰克想要试验人员非常详细地测量，你相信杰克指定的测试项目远多于必要指标。通过进一步交谈，你确信上司只是在经济萧条的商业周期中增加工作量来保持 WFE 员工的忙碌状态。杰克拒绝了你的抗议，并暗示说如果你不按照指示做，你将是第一个被解雇的。你刚刚搬进了新房子，有一笔相当大的按揭付款，而且由于你的妻子马上要生孩子，最终你们中的一个人将不得不停止工作。你该如何处理？

5.3.2 讨论

此困境看似是很平常的一个例子，可能会被忽视或被认为是日常业务实践。但是它需要在所有咨询公司进行讨论并加以解决。当然，这个问题可以简单地按照老板想法来做就行。如果客户对 WFE 报价不满可以去找其他公司。而如果客户如此依赖于 WFE，甚至不寻求竞争性招标，也许是它应得的。毕竟，有一些工作，WFE 必须用来覆盖超支成本。此外，由于新购住房和小孩出生，随着个人资金缺口的增加，你没有理由拿工作冒险，你可能会一点也不认为这是一个伦理困境，在这种情况下也许读者会同意。

这里假设你是该领域非常有能力的从业者，杰克很明显地将一些不需要的任务列入办公楼环境诊断。A&WMA 伦理准则（见附录）有适用于这种情况的相关项目，第 7 项指出："在我所有的专业职责和责任方面，表现出诚信、求实、勤奋"；第 9 项指出："在商业或专业方面，表现得像可信赖的代理人或受托人，并做出与本准则的其他部分吻合的行动"；最后，第 13 项指出："尊重合作者、同事和协作者，并尊重他们的隐私"。如果可能的话，你想要做正确的事情，但不危及你的工作。

5.3.3 建议措施

第一件要做的事，就是与一个或更多同事合作，正如你知道的，开始准备对测试目标的明确说明，十年之后真相就会大白。然后，准备一个测试计划来完成这些目标，解释为什么杰克提出的某些任务是多余的，或应该稍晚一点再考虑，这取决于你所规定的基本测试项目的结果。对这些额外任务进行初步评估，估计两个任务类别的进度和成本。在同事的协助下，就该信息准备一个简洁的备忘录。为了不对抗你的上司，要尽可能多地用自己的业余时间来开展。因为你的同事可能会或也可能不会愿意贡献自己的时间，你同他们一起主要是为了评价你的建议。不要向同事透露你与杰克的冲突是非常重要的，以维护你对 WFE 的忠诚，并且不会降低同事对杰克的尊重。这显然是个棘手的任务，同时尽量减少对自己和其他利益相关者（即 WFE 及其员工）的影响。

安排与杰克的私人会议，按序列呈现有关材料，并明确指出这是你和同事们共同努力的结果。事实上，其他人共同参与将帮助你获得一个更令人信服的说法，使监管者易于接受。对测试的目标描述达成一致后，在征得双方同意的情况下有必要进行修改。然后回顾你的测试计划，说明将如何实现这些目标。然后讨论额外任务是多余的，以及如果基本测试不确定或需要客户进一步确认，则可能会被认为是未来考虑的范畴。保持一定程度的尊重，确保不能让杰克的任何言论使你有敌意。同时，希望杰克会尊重你的努力，并重新考虑早前的威胁。

预计会进一步讨论，你应提前准备，解释为什么你担心杰克早期武断的指导和潜在的威胁。回顾协会的道德准则，并准备将它们向杰克展示。解释你是成本敏感的，相信通过提供勤奋的、具有成本效益的服务来提高客户的忠诚度。不要用像“废话”这样的贬义词，在任何时候保持尊重。如果你的上司听不进意见和对你充满敌意，再将你的意见向更高层级的领导反映。

杰克可能会尊重这种做法，这有可能导致他透露高层管理人员对他施加的维持或增加收入的压力。你可能会在这里讨论如何做正确的事情对企业的健康有益。如果他接受，与杰克举行一个非正式的交谈，出台营销计划提交给管理层。如果失败了，你对这个谈判感觉不舒服，鉴于你目前的刚需状态，后退放弃并继续维持你的工作是必要的。但是，你应该开始留意其他就业机会，WFE将不再是一个与你有关的公司。

5.4　承包商为加价而拒绝提供完整的最终报告

5.4.1　困境

你是综合性国家机构主办的为期两年的区域空气质量研究课题的项目经理。一个公共研究机构作为总承包商，其拥有多个分包商。主承包商是在通过投标竞选后选择的（你没有参加本次承包商的评选），并接受固定价格合同来执行这个项目。随着项目实地调查结束，进入到数据分析和报告编写的关键阶段，承包商开始错过某些项目的最后期限和定期报告。你会见了承包商的首席研究员以确定延迟的原因，并探讨如何进行改善。首席研究员表示歉意，承诺遵守所有期限。然而，错过了更多工作完成的截止日期，造成更多的歉意和承诺，但没有改善。你确定承包商迄今所做的技术工作是完全胜任的。尽管如此，由于该项目的重要性以及所涉及的参与者众多，定期报告是至关重要的。

几个月过去之后，关键期限临近——交付最后的报告草稿，许多团体都指望能准时获得本报告。截止日期来了又去，但承包商一直未能提供该报告。当你联系首席研究员时，得知该报告已完成，但承包商想要更多的钱（初始价格的5%～10%）才提供报告。首席研究员是公共研究机构的终身科学家，他告诉你，作为很明显的威胁，该机构并不担心被起诉。但是，这个问题是次要的，面临的巨大压力是许多团体指望及时获取报告。你该怎么处理？

5.4.2 讨论

首席研究员违反了六大支柱特质中的五个：诚信、尊重、责任、公平与关怀。诚信包括履行承诺的时间和金钱，在以价格为主要中标因素的协议中，最后时刻为了更高价格而扣压产品，这将是一个严重违反伦理道德的行为。诚信除了承诺守信，还涉及诚实和正直。首席研究员对迟交的报告找借口欺骗你，这是不诚实的。尊重涉及礼貌、文明和体面，因此，环境专业人士怎么能这样不屑地对待客户？责任包括问责制、自我约束和追求卓越，较高学术职位的获得也不能免除责任。当首席研究员表示将重新调整计划时，公平问题受到了侵犯。即使首席研究员认为这在当时是正确的，他也有义务确保在做出无法兑现的承诺之前客户得知真相。最后，首席研究员没有对给项目经理造成的难堪表示关怀。同时，他还冒着破坏该机构声誉的风险。

在确定首席研究员的行为违背核心伦理价值观时，项目经理应该怎么做？诉讼是显而易见的最初反应。但是，如果国家机关起诉承包商，研究目标可能会推迟很长一段时间才能达到，并最终导致项目失败。假设承包商是由其他政府机构以项目为基础所资助的联邦或州研究实验室，诉讼会对政府部门产生巨大的政治影响。作为项目经理，你必须以对所有利益相关方的最佳利益来处理这种情况。

5.4.3 建议措施

由于许多团体都依赖于收到该最终报告，所以认为它是个拥有充足预算的大项目是有道理的，其中主承包商的研究工作是比较重要的部分。承包商能胜任这项研究工作这是毋庸置疑的。在与首席研究员的互动交流过程中，你本应该能够评估进展，并预计最终报告将提供该研究所需的数据和解释，问题就在于获取最终报告。

假设你所在的机构已支付了承包商的所有未付发票，首席研究员知道补充资金不可能用于支付额外费用，并不会因工作范围的改变而需要额外支付。第一步是制定方案，并将其提交给你的管理团队。接下来，接近你的机构和公司的关键人员，他们非常依赖于最终报告。如果可能的话，你可以召集这些利益相关者召开会议，并对你提出的计划进行评估。

建议你支付赎金以获得该报告，为了确定调查报告与你的预期一致，可将额外资金放在第三方托管账户中代管，直到收到最终报告。在获得报告和托管契约解除之后，准备一个更多资金的申请提交给项目赞助商，其中包括国家机关。你的管理团队必须批准你的要求，并抄送附件到本地区法律机构的代表和该州州长办公室。在这封信中，你应该出示你与承包商的交易细节来证明需要额外的资金。重要的是呈现所有细节，举个例子，如果首席研究员声称，成本增加的原因是由于范围发生了变化，那么你就必须承认这种说法并证明其有效性的缺失。

在这个案例中，政府资助项目中的政治因素是主要的潜在问题。政府机构有时直接指导政府或大学实验室的重大环境调查。政府的研究活动往往会产生很好的效果，但承包这项工作的机构很难控制过程。当首席研究员是一个终身教授或研究员，合同研究更可能是由研究人员控制而不是承包这项研究的赞助商。只要承包机构从一开始充分认识这种情况，就不会出错或出现不道德的现象。有时，就像本案例研究，公共研究部门应基于价格、进度和技术水平，在公立和私人研究机构之间进行竞价。公立研究机构竞争项目时，应保持对私人公司的相同要求。利用职位优势逃避项目管理不善的惩罚，并且在发布最终报告之前厚颜无耻地索取更多的金钱，这显然是不道德的。

5.5　雇佣专家证人引起了合理的怀疑

5.5.1　困境

你是澳大利亚咨询公司（DUC）的环保顾问，在测量、模拟和控制污染物排放并使客户遵守当地环境法规方面，有着 25 年的经验。你所在地的政府机构为使空气环境质量达到可接受水平，拟采取付出代价较大的达标排放强制管制措施。但有些行业认为上述措施是过度和难以实行的，会阻碍当前制造业的发展。偶尔存在较大分歧，这些行业组织就将当地政府起诉至法院，双方各执一词，莫衷一是。

在这种情况下，行业组织聘请了三位“知名”空气污染顾问，提出了污染是怎样产生以及起源于何处的各种理论。在后续的讨论中，一个专家证人解释，这些专家顾问已被收买故意提出貌似合理的理由——这些行业只有百万分之一的可能性会导致污染，并无不妥。这种回应表明，咨询顾问缺乏伸张正义的意愿，以及对环保行业的不尊重。最后，由于证词之间的不一致，法官无视所有专家证人的证词，只依赖于目睹者的证言做出了自己的决定。在这种情况下，环境专业人士该做出何种反应？环境专业人士基于合理怀疑，提供比较夸张的证词是否道德？

5.5.2 讨论

我们现在关心的问题涉及的是在环境污染案件中，被邀请在法庭上作为专家证人的环境专业人士的伦理行为。在这种案例中，被告、行业或政府机构聘请专家证人来作证，并且将合理怀疑的意见引入到污染起因之中。这个困境认为环境专业人士在污染起诉案件中给出夸大的证词为其提供了合理怀疑的基础是不道德。

在这种情况下，这个问题是证词是否是诚实的，不仅仅只是真实的。约瑟夫森六大支柱中第一特征是诚信，诚信包括诚实、真实、真诚、正直、忠诚、守信用的美德。诚信是指说的是实话，全部的真相，除了真实没有其他（如由法院采取宣誓要求）。充当专家证人的环境专业人士在法庭上浮现一个创造合理怀疑的想法，但这是极不可能的和不专业的，除非他提出有关这一想法的不大可能的程度。同样，为创造合理怀疑，在辩护律师的鼓励和指导下提供不诚实的证词，严重损害了环境专业人士的尊严。尤其是如果专家证人认为，法官和陪审团没有足够的知识或资源，认识到专家的论证缺乏有效性。

六大支柱特征的另一个特征是责任，责任包括勇于担当、以身作则、维护诚信，并保持良好的口碑。专家证人有责任确保法庭充分理解所提供的证词，且没有以任何方式误导法庭。这就是说，当专家证人持有合理怀疑态度时，这合理怀疑必须表达出来。环境专业人士与法律专业人士在伦理方面的根本区别，取决于“伦理”是如何定义的。本书中“伦理”被定义为“有权利做什么事”和“做正确的事”之间的区别。一方面，法律行为是指社会赋予你有权利去做什么事（例如你有权利驱逐生病的并且无力支付房租的租户）；另一方面，伦理行为是做正确的事（例如帮助房客找到社会救济可以继续租住）。

5.5.3 建议措施

环境专业人士必须确保百分之百诚实，意味着不管在法庭内外都是真实的。尽管环境专业人士的首要任务是保护公众，包括制定和遵守法规，但这一切必须基于诚实和信息充分披露，以保持环境专业人士的尊严。

然而由于使用不同的方法来估算暴露剂量，使得专家意见存在分歧。有人使用直接测量的方法，而其他人利用建模的方法来间接估算暴露剂量。再比如目前的全球变暖问题，很难断定全球变暖是人为与否，这引发科学家和政治家的持续争论。在法庭上，在原、被告双方提供证词后，陪审员依然难以判断什么是真实的。有趣的是，控辩双方都认为他们对存在的现象给予了真实写照。

因此，要回答前面的做法是否符合伦理？即提供夸大的证词来反驳作为出台管制行动基础的理论，答案可能就是证词是否对科学和技术进行了客观描述。

5.6　同事寻求阻止上司骚扰的建议

5.6.1　困境

下面这种困境并不局限于环保行业人士之中，但它可能是从事环保行业的专业人士已经或即将遇到的，下面推荐的解决方案已与人力资源专业人士沟通过。

你是小型污染源监测公司阿优测试公司（TRU）五名工程师之一。阿优测试公司要求其工程师和技术人员，花一半时间测量工业污染源的排放。测试部门工作的主管霍华德，是一个自公司成立以来就存在的，具有 12 年工作经验的“老油条”，工程师和技术人员向他汇报工作。霍华德具有强烈的自恋倾向和“粗俗”行为。你认为他在工作场所不断地讲黄色笑话和做出性暗示是非常不合适的，并且这常常使你感到非常尴尬。不过由于没有指名道姓，所以你没有对阿优测试公司的管理层提到你的不快。

你意识到他的言论和行动指向员工中的女技术员之一雪莉。他不停地对她的外貌进行评论，故意安排雪莉与他在远程工作站单独相处的工作任务。有一天，雪莉偷偷地找到你，看起来显然是处于心烦意乱之中。她刚刚在一个很偏远的地方完成了测量任务，霍华德是她唯一的同伴。她说霍华德让她的生活苦不堪言，因为她非常需要这份工作，所以她一直犹豫是否向 TRU 的管理层举报他。她想得到你的帮助，你该如何处理？

5.6.2　讨论

很显然，最简单的解决办法，就是让霍华德立即停止这种粗俗行为并向雪莉道歉。那么这个问题，就变成了在不用担心丢掉你或雪莉的工作情形下，如何说服霍华德这么做。

在此种情况下，虽然你本能地想帮助同事，甚至有义务这样做。然而如果处置不当可能会产生严重的后果。你可能认为，可以与霍华德进行友好地、私密地对话解决问题，而无需大做文章。但是，如果你以性骚扰的名义来指控霍华德，可能不但会招致潜在的法律诉讼，而且如果你的行为激怒了阿优测试公司的高层领导，你也将被解雇。理想情况下，雪莉应该能直面她的主管霍华德，让他知道他的言语暗示和不得体行为让她很不舒服。不过通常情况下，那些引发骚扰的人是不介意别人能否接受自己行为的。

5.6.3 建议措施

开始可能是善意的挑逗然后越做越过火，理论上霍华德可以向雪莉道歉，并在以后改变自己的行为。但是，这是真实的世界。由于雪莉不方便直接面对霍华德——她恳求你帮忙清楚地表明她不方便——你应该建议她勇敢地向阿优测试公司高层投诉。如果公司足够大到聘用人力资源代表，她首先应该去那里寻求帮助。如果公司不大，她应该不要总是担心失去工作，直接向大老板或者总经理进行投诉。建议她保存好骚扰的具体案例证据，并告诉她你愿意作为证人，向管理层诉控诉霍华德的劣行。你还可以与工作组里的其他同事一块讨论这个问题，但只有当她认为是合适的行动（你应该提醒她，工作组中部分人员可能不希望卷入）。如果有其他同事的支持，那么影响力更强。公司的大老板应意识到局势的严重性和该公司面临的潜在法律责任。大老板还应该感谢雪莉试图化解不利局面而没有寻求外在的法律援助。如果公司大老板不支持，没有采取适当措施来解决，雪莉会有权聘请律师。在此，你有没有进一步的建议可以提供，并且雪莉必须获得可用的资源帮助她得到合适的外部法律顾问。

总之，性骚扰对任何一家公司或多或少会导致严重后果，必须由合适的人，以恰当的方式来解决。当雪莉需要你的帮助时，你的反应应该是：

1）倾听她的问题并表示支持，愿意就你所看到的相关事件作证。

2）避免尝试通过直接对话霍华德来进行调解。

3）向她解释，这件事情在阿优测试公司必须由合适的人，以恰当的方式来解决，这不是你有资格来处理的。

4）给她道义上的支持，并在工作组中与其他人讨论。如果雪莉同意，寻求同事们的帮助来进一步证实她的说法。

5）建议雪莉将这件事投诉到阿优测试公司的高层（如果所在企业比案例所描述的大，建议她将它报告给公司的人力资源代表）。

6）建议当她会见阿优测试公司的大老板时，应该解释说她只想终止霍华德的不当行为，没有任何附加要求。

公司的大老板应该明白，雪莉对霍华德的性暗示行为的最初反应可能不是那么重要，因为她害怕得罪她的顶头上司而失去工作。不幸的是，霍华德可能将她的“安静”反应作为对其行为的接受。问题是没有人愿意这种情况失控升级，因此，任何形式的性骚扰行为都是不能容忍的。我们希望迅速采取行动能带来满意的解决方案。

5.7　工厂经理愿意遵循当地政府部门的数据，即使发现其是错误的

5.7.1　困境

本例讨论的是，政府监管机构实验室的检测结果比某企业自行检测的结果更理想。假如你是某制造厂的环境部门经理，国家污染物排放消除制度（NPDES）允许向当地污水处理厂排放达标的废水。根据国家污染物排放消除制度（NPDES）许可授权，当地水体污染控制局（WPCD）工作人员采集了一个经过24 小时混合的样品，并将样品分成三份，且由水体污染控制局工作人员对每份小样进行密封。其中一份小样用于在水体污染控制区实验室分析，另外两份小样留给某企业。留给企业的两份小样中的一份由企业自己进行分析化验，而另一份被送到经认证的第三方实验室进行化验，整个流程均严格遵守相关样品分析技术规程。

尽管水体污染控制局实验室的结果比其低 10 倍，企业自己的化验结果和经认证的第三方实验室的化验结果一致。但经反复核对其化验结果确认没有出错，根据水体污染控制局实验室的检测结果，属于达标排放；然而，根据其他两个实验室的结果，属于超标排放。你该怎么处理？

5.7.2　讨论

由于害怕被罚款和引发公众舆论压力，就促使公司员工倾向于掩盖轻微的违规行为。技术人员也不愿惹麻烦，让老板看起来很为难，而且当地政府机构也不会发现违规，所以为什么不多一事不如少一事呢？然而，政府部门总有机会迟早会发现存在的结果差异。通过承认和纠正在上述困境中所描述的轻微违规行为，公司可以与政府部门建立真诚可靠的关系，以备在将来处理可能发生的严重违规行为时获得好处。此外，环境专业人士希望做正确的事，而不是心存侥幸的事。

公司管理层在工作人员中灌输这种理念是非常重要的。这种困境虽然不是惊天动地的大事，但它频繁地出现，需要持续不断地采用合适方法处理，从而使后面更多困境能够得到正确处理。欺骗好比大蟒蛇行为。你通过犯一个又一个小错，直到最后犯大错，你可能说“为什么不呢？”。大蟒蛇缠绕在猎物四周，当每次猎物呼吸时，蟒蛇就加紧控制，直至猎物不能再呼吸。

正确做法是让水体污染控制局知道实验室测试结果之间的差异。这表明了你的诚信、责任和公平。从长远来看，这将获得当局的尊重，非常有利于公司

的未来发展。应意识到这一点，当局有可能对实验室偏差进行校准，所以它可能正确执行法律法规，来行使其保护公共健康的职责。当地水体污染控制局会赏识你的诚实，当下一次结果出现差异时，会与贵公司进行良好地沟通。例如，下一次检测结果，可能是政府部门测出来很高，而你自己以及第三方实验室的检测结果较低，当地政府部门可能会采信贵公司的所测结果。

5.7.3 建议措施

然而在联系水体污染控制局之前，至关重要的是，你得先确定是什么原因导致了超标排放。假如是检测操作流程有错，必须找出原因并立即纠正，或者发现限期改正的办法。如果贵公司向水体污染控制局提供了正确的行动，或至少提出了正确的行动计划，水体污染控制局不太可能会对贵公司的违规排放进行处罚。为告知两者测试结果存在不一致现象，贵公司的高层领导应与水体污染控制局局长进行联系。理想情况下，水体污染控制局局长会欣赏贵公司“自首”的诚实品质，将立即采取措施加以纠正。

许多操作过程都要求安装自动在线监控系统来记录任何不合规的情形，这可以与当局监察人员建立联系并且引起他们对这些事情的关注，由于贵公司的及时报告，即使发现偶尔超标也是可以接受的。事实证明坚持诚实有利于降低风险，使环境监察人员做出对贵公司有利的监察报告。

5.8 新的环境、健康和安全方面的主管必须保持公司的合规性，并使工厂正常运转

5.8.1 困境

你是全球高科技公司 MRU 公司的环境、健康和安全（EH&S）总监。由于受国外企业竞争日益激烈和国内成本上升等影响，MRU 公司准备将一些工厂搬迁到国外，来降低成本和提高利润。MRU 公司一家位于东南亚的分公司，在最近几年均没有取得理想业绩。结果 MRU 公司指派由总部主要高管组成的一个团队，接管该分公司及其三个工厂。MRU 公司是该地区的主要雇主，三个工厂共雇有 5000 余名工人。新的管理团队致力于提高该分公司的运营水平，否则，三个工厂将转移到亚洲的其他地方。

你被选拔为该部门的新任 EH&S 总监，且已将家人搬迁到靠近分公司总部的地方。你约见了已在那长期定居、平均工龄 15 年的 EH&S 工作人员，并将你的改进计划方案告诉了他们。在花费了约 3 周时间来调查工厂运营情况、核查原始记录和采访工厂人员之后，你逐一列出了不符合规定之处。这份问题清单很长，需

要花费大量金钱才能使三个工厂合规。主要问题包括影响工人和公众安全问题的严重有毒有害物质的排放。你从 EH&S 工作人员那里了解到，他们之前也非常清楚这些问题。但他们告诉你，前任主管不重视这些问题，以及有关健康和安全的员工投诉，以没有钱来解决为借口而被迫推迟。此外，前任工厂经理在地方政府担任有声望的志愿职务，总是亲自迎接可能出现在工厂的任何环保监察人员。

这家分公司处于麻烦之中，并且任何额外的支出均可能会加速它的倒闭，这是一个众人皆知的秘密。你约见了新的管理团队，了解到这些工厂具有部分独特的专有工艺和操作经验丰富的工人。将这些生产线转移到其他地方并不容易，更何况是在一个非英语国家。管理团队必须保持这些工厂正常运转，但 MRU 公司的 CEO 不想听到任何解释。他已经在公司董事会上做过保证，新的管理团队会解决好这个问题。你如何应对这种局面？

5.8.2　讨论

此处面临的困境显而易见。一方面，员工及公众的健康和安全受到威胁，而在另一方面，需采取必要的手段来解决可能会影响约 5 万人的生计问题。工厂的倒闭不仅会影响当地社区居民，也将影响你自己的家庭和事业。特别是你因为这份工作已搬迁至这个地区。如果工厂关闭，你将不得不进行再次搬迁或重新找一份新工作。事实上，这些工厂的专有工艺有其可取之处。显然，团队需要努力使工厂成功和更具成本效益，以提供 EH&S 升级所需资金。另外，当然得与当地监管部门处理好关系。原始记录没有妥善保管、分析报告被进行伪造、污染防治设施未升级改造，排污许可手续尚未取得，这一切将会受到严厉处罚，包括巨额罚款甚至被监禁的可能性。

5.8.3　建议措施

作为 EH&S 总监，你首先要做的是在新的管理团队帮助下，制定出解决问题的办法。你必须与分公司经理密切合作。同时，还应该与运营维护、质量控制以及市场营销等方面的人士通力合作。经过广泛深入的现场调查，然后准备提交一个目标清晰和准确的振兴计划，用于说服给公司的 CEO。理想情况下，该振兴计划应证明分公司通过适度的投资（如贷款或提取企业基金），在还清设备升级的成本和违规罚款后，仍然可以扭亏为盈。如果这个结果无法实现，那么该厂前景暗淡，将需要制定出逐步淘汰的计划，来减轻对社会的影响。

你的职责之一是应对政府机构的监管。由于问题的严重性，寻求法律顾问将是非常明智的选择。你应该寻求与联邦、地区和地方等政府官员均保持密切关系的环境方面律师的帮助。律师可能会要求你对工厂的违规行为进行全面摸底，制定 MRU 公司合规计划，以及对目前违规行为做出解释，全面评估如果工厂关闭后可能引发的公共困难。通过对违规问题的全面自查，应当会减轻可能造成的后果。同时，尽可能保持与政府监管机构良好的私下沟通关系。你需要做的最后一件事是宣传报道，虽然消息迟早会出来，但必须提前做好相应准备，包括计划方案中的企业营销人员也要为此事做好准备。

由于对当地社区的潜在不利影响，可能需要采取政治行动。你的管理团队需要在该地区的公共关系上特别费心。你可能会发现自己的作用是“啦啦队”的头。经常有些人活跃在当地社区事务中，你可以按照正规招聘流程将他们招募进来，然后让他们出力争取当地民众的支持。值得注意的是，他们有可能是专找你公司麻烦的自私自利的人或政治团体。你要在这些败类站稳脚跟之前，尽快争取得到当地社区民众的支持。

因国内外激烈竞争使公司倒闭的事并不稀罕。随着竞争加剧和产品市场格下降，工厂经理为节省成本开始偷工减料。因为这是一个渐进过程，在准备好和实施全面振兴计划之前，可能会发现公司已变成一个难以收拾的烂摊子。在这种两难境地时，最容易被忽视的领域是符合健康和安全的法律法规，但这是绝对不能容忍的。环境专业人士必须采取一切必要措施以保护公众健康，在任何时候都要严格遵守环保法规，否则他们的公司会遭受严重后果。

5.9 政府部门职员像私人顾问一样从事第二职业

5.9.1 困境

你是美国国家大气署分支机构的大气污染防治副主管，管理着50名环境专家和同等数量的支撑人员。你的职责包括协助总部制定法律法规，发放大气许可证，实施许可证所反映的大气污染防治法规以及监测区域空气环境质量。你的员工包括环境科学家、工程师、计算机模型师、历史学家、人类学家和作家。

在审查企业许可证申请时，你注意到配套的健康风险评估是由你单位员工汤姆·琼斯做的。通过与琼斯先生交谈，他承认在准备申请许可证的咨询公司UTC兼职。汤姆解释说，他只有在UTC的正式建模师比较忙或在度假时，才偶尔帮忙运行模型，从事输入由UTC的工程师提供的排放数据，输出符合政府机构导则要求的格式的工作。汤姆说，大多数时候在UTC的工作主要是其他州的项目。他还解释说，他做这个工作主要是在家里和利用个人业余时间，并不认为存在利益冲突。汤姆还提到，政府机构中的其他工作人员也以同样方式兼职，并补充道，他们从来没有参与政府机构有关的项目。你应该如何处理这个问题？

5.9.2　讨论

你确定你所在单位尚未出台对此类行为的具体禁令，只要员工的兼职行为不与政府部门的工作职责相冲突。假如你进一步调查发现，没有证据表明汤姆或任何其他工作人员，在政府部门的行政许可或执行过程中施加过任何不当影响，这是否存在利益冲突或伦理问题？

当发现汤姆作为政府机构工作人员，被从你所在部门申请许可证的私人公司聘用时，其个人诚信将变得可疑。虽然汤姆声称，他会回避涉及有关所在政府部门管辖的项目。不过，当咨询公司代表其客户与政府部门进行有关的宣传活动时，即使建模工作完全客观，不受 UTC 或客户的影响，仍然有利益冲突之嫌。

对于大多数许可申请，都会同时存在支持者和反对者。考虑到有这样一种情形，提交给政府机构的许可申请包含一个充满争议的风险评估，如果汤姆是该政府机构的专家，并且对手得知此次递交许可申请的风险评估与 UTC 有关，即使他并没有直接参与这个项目的评估，试想一下场面有多尴尬？

5.9.3　建议措施

你作为负责该分支机构的大气污染防治副主管，应指派一名助理约见员工中的所有环境专业人士，了解他们兼职情况，掌握所有聘用政府机关工作人员的私人咨询公司名称，并确定他们是否有参与你所在政府机构的任何项目。这些信息可能会在以后出现任何对你不利行为时有用。

接下来，你应该联系大气污染防治机构总部，向总部汇报相关情况并提请召开高级职员会议，这种情况很可能在其他分公司也同样存在。很明显，必须考虑采取一个非常有意义的政策行动，需要解决的关键问题是①防止今后再次出现类似的利益冲突；②处理由以前工作人员兼职可能引起的法律行动或公共关系问题。

发布正式约束性条款，对政府机关工作人员在私人顾问公司兼职工作的宣传活动进行规范。对过去曾经聘用政府机关工作人员的咨询服务公司，应告知其这种关系的不当性和政府机关出台的新政策。每一位有过此类兼职行为的工作人员，应列出从事过的公司名称清单，并签署一份声明，声称不会偏向曾经聘用过他或她的咨询公司。最后，如果可能的话，请每个咨询公司的高管签署一项声明，承认政府机关工作人员的免责条款。

最重要的是，在处理这种情形时，记得立即向高层领导汇报并邀请其参加决策，并成立一个专案组来进行处置，以获得对利益相关者影响最小的正确解决方案。虽然你的员工有兼职的合法权利，但这不是正确的做法。

5.10 公司赞助贵宾客户额外的演讲活动

5.10.1 困境

你作为大型国际环境咨询公司 CAU 公司的执行副总裁（EVP），发现业绩最好的部门有着非常庞大的营销旅行预算。尽管承担这么大的旅行花费支出，目前该部门的盈利能力还是远优于公司其他部门。你进一步努力想找出其成功的秘诀来提升业绩较差的部门。很快发现这个部门资助了两个主要客户的管理人员去参加演讲活动。例如，其中一次到马尼拉的工程协会做有关创造财富的演讲，另外一次到伦敦参加有关金融方面的世界会议，类似地，还参加过在檀香山、里约热内卢和纽约举行的有关会议或研讨会。每次旅行持续一个星期或更长时间，你还了解到，客户的配偶也包含这些旅行之中，所有费用均由 CAU 公司支付。

你将这件事情跟该部门副总裁说，他解释道，这些贵宾客户占了他所在部门 60% 的咨询业务，CAU 公司与这些客户签有独家协议，以承担其所有全部的环境咨询业务。他说："我们待贵宾客户很好。作为回报，贵宾客户会顺利地接受我们的报价。我们的关系可追溯到八年前，与他们的首席执行官们保持密切接触，这已是我个人义不容辞的责任。他们是了不起的人，都是伟大的演说家，多年来，给他们提供了在世界各地演讲的机会。他们是我们最好的支持者并且经常给我们提供新客户，我认为非常值得我们的投资"。投资范围为每年 22000 ~ 58000 美元，每一年随着部门的盈利能力增加而增加。

作为公司执行副总裁，你问该部门副总裁，为贵宾客户提供免费在世界各地旅行的机会是否公平时，他说，"当然，不仅仅是为他们提供坐游轮旅行。我们给予他们最优先的服务，对于他们的工作我们用最好的工作人员。当他们需要我通过政府机构的关系，以加快许可审批进度时，我会亲自上手。我们并不像在做任何违法违规的事，这些旅行通常都不保密，我相信客户的董事会知道是我们赞助的，虽然没有不对外公开宣扬"。从随后与该部门高级职员的采访中得知，虽然没有公开讨论，但 CAU 公司员工这通常都是知道一活动的。你应该采取怎样的行动？

5.10.2 讨论

这种困境表明，环境专业人士在追求业务增长和市场销售时，必须深刻认识诚信、责任、公平和公民权等核心伦理价值观。客户喜欢与他们有友好关系的人做生意，赢得客户友谊并不是缺乏道德的营销实践。同样，支付午餐以便客户更好地认识贵公司不一定是不道德的。能邀请到客户的高层经理，出席午餐会是非常有价值的。事实上，为商务午餐买单甚至是美国政府允许的，并为设置了每位午餐客人 25 美元的标准——甚至在华盛顿特区的有些餐馆，会提供售价刚好 25 美元的特殊“政府接待”午餐菜单。话又说回来，客户高管如果具有很强的道德信念，会选择自己支付他或她的那份账单，以避免不当行为，即使它很小。

乍一看，这似乎是开展业务一个有效的手段。但进一步考虑表明，客户经理收到的旅行津贴，是他们公司间接为他们支付的。贵公司收取这些“大客户”的费用包括了这些旅行费用。类似地，如采购代理商购置日常生产硬件时，如果购买满足最低数量的产品时，供货商是否会对某些产品进行打折？为保证采购者的能获取好处，销售员会按全价向采购公司收取这些产品的货款，然后把折扣款以“回扣”形式直接支付给采购者，这算是贿赂吗？这种情况，很显然是不道德行为。如果事业部副总裁，分别给每个高管一张支票来支付旅行费用和安排演讲，你会不会考虑这算是贿赂？

公司对产品进行打折以鼓励买家进行购买是一回事，在购买像汽车一样昂贵的物品时砍价是一种正常活动。但是，如果你的代理机构采用折扣价购买，而你却支付了全价，当你知道这个交易时，你会觉得被欺骗了。现在，如果这两个旅游高管实际上是其各自公司的所有者，贿赂的问题将不复存在。但作为公司代表，“高管”仅是公司实体的一部分，即使他们是公司所有者，用别人的钱为其行程支付费用，公司是为旅行支付费用而不是为你。公司知道邀请客户到渔船待一天，并且他们会索要营销预算的费用。不管这是不是贿赂，将是道德操守研讨会讨论的主题。

5.10.3 建议措施

这是个很难解决的困境，可能需要专业伦理学家帮助，他们可以对局势做出客观评价。作为 CAU 公司的执行副总裁，第一步是获得公司总裁的支持。接下来，安排公司的官员和高级管理人员进行一整天的场外会议。事先不要透露召开会议的目的，而是通过展示你调查的细节开始。小心不要攻击任何人，并避免任何预判，而是呈现你希望立即加以解决的一个企业文化问题。然后，引进专业伦理学家来推进会议。显然，本次会议的目的是提出一种方法，能终结提供大额费用给大客户的做法，而对公司没有或很少产生负面影响。这种方法将产生于全天会议的群体智慧中。有一种方法是采取措施，对员工的业绩进行充分审查，确保每次任务都做到最好。与客户有着密切关系的高管，应找机会将这一流程告知客户高层。你还需警惕任何不满或负面的反应，并立即解决这一问题。这显然是个难度很高的任务，为确保进展顺利，需得到公司管理层所有人的支持。

5.11 年轻学者由于未被及时揭发违规行为而越行越远

5.11.1 困境

你是美国中西部学院环境科学专业刚刚毕业的学生，已被一家大型电力公司ACME电源公司雇用。你在拥有200名员工的新墨西哥州东部电厂工作，该电厂已成立近30多年，许多员工已在那工作了20年或更长时间，厂里拥有包括连续记录仪器等最先进的排放控制设施。你遇到的每个同事都很友好，你的新老板环境经理分配你来做记录整理。你与一个叫帕特的同事共处了几个星期，帕特将被晋升为另一家工厂的环保经理，由你来接替他的位置。在此期间，你对于做记录这事尽职尽责，积极参与工厂员工的各种活动。同时，帕特虽主要忙于完成交接报告，但会抽出时间来告诉你在哪里能得到数据。当地大气署巡视员顺路来和帕特告别，你观察到帕特与巡视员的关系密切，使得工厂拥有良好的合规记录。

帕特在离别时，来到办公室与你分享了一些想法："听着，有几个事项我们要特别注意。'老男人'（电厂经理）是一位难伺候的精明人，想避免任何政府监管方面的问题。他控制达标排放，并将安全性作为首要关注点。同时，希望与当地政府机构保持良好关系，你的表现应在允许范围内与期望值保持一致。我们从未收到过违规处罚通知书，但不瞒你说，我们偶尔也有伪造排放数据的行为，特别是在负荷波动较大时。仪器技术人员会告诉你之前我们如何来进行调整的。还有，燃油含硫量需要换发新证来保证合规。实验室几乎会自然而然地做到这一点。我经常核对有关检测报告，以确保燃料含硫量与二氧化硫排放量的一致性，你很快就会掌握其窍门的"。

四个月后，你聘请了测试工程公司进行年检。年检报告显示该工厂不合规，报告副本已送至当地政府部门。你很惊讶，并将年检结果转给了给实验室经理。你知道虽然还是雇佣跟之前一样的测试工程公司，但他们派出了以前没来过电厂的新员工。实验室经理并没有注意到这一人事变动，因为之前一直由帕特负责协调此事。新员工不了解为了获得可接受的测试结果，而需要进行人为修正。更要命的是，你收到了当地政府部门的电子邮件表示将会调查此次故障。

你给已在新职位上的帕特打了个电话给以求教，他最初的反应是"你看，我早就告诉过你，在提交给该政府机构之前，必须对数据进行筛选。你告诉电厂经理了吗？你最好与仪器技术人员让大家一起来编造个理由。电厂两年前就该更换新的氮氧化物催化剂了，但由于没有维护预算经费，只好将其安排到明年。我建议你先去给电厂经理汇报，我尽我所能来帮你”。

5.11.2　讨论

显而易见，帕特和电厂工作人员从来没有敏感地认识到，保护公众健康市他们的首要任务。工厂经理从车间操作工一路升到领导者，他可能是为达目的而不计一切代价的人。他对家人们很好，并没有明显的谎言、欺骗或窃取。但与政府部门打交道他采取阿谀逢迎的态度。帕特时具有团队精神的人，他在使工厂经理时刻保持高兴中受益。问题是，伪造数据不仅是不道德和非法的，而且最终也将会被发现。如果掩盖的错误没有在无意中发现，就像在本例中的困境，员工最终将离开工厂另谋高就，并可能会向新同事提起他以前的事是如何处理的。

5.11.3　建议措施

你必须弄清真相，尽快改进污染控制系统功能上的不足，并尽可能减少对所有利益相关者的影响。具体的行动将取决于工厂经理反应。你需要让他相信你正试图支持他做正确的事情。你应该做的第一件事，是确定可能涉及的法律法规和可能采取的行动。然后，你需要收集已被伪造的记录，以及原来的底稿，无论采取什么行动这些信息均是需要的。工厂经理应立即联系公司的律师，他无疑将会收集所有相关数据和深入研究有关法律法规。利用好工厂与当地政府的良好关系这很重要。

最为至关重要的是，你在一切有关事实和情形方面完全是诚实的。诚信不仅包括说真话，而且包括说出全部的真相。永远不要去编造一点也不真实的故事。这是一个困难的局面，在你第一次知道伪造数据时，你应及时揭发而使其有所减轻。你应该马上去找电厂经理，让他知道这个情况，虽然不太确定是否会被接受。现在，你需要利用你所有的机智和人品，让他知道所面临的法律惩罚和潜在罚款，并建议他与公司律师或外部法律顾问进行沟通。你可能会失去工作，但这也是尽职尽责的一部分。

5.12　部门主管在未得到公司高层授权的情况下利用公司资源出书

5.12.1　困境

你作为环境专业人士，已从学校土木环保工程专业毕业 3 年了，是巨大纸业公司（HPC）环保合规部门的中层非管理成员，该部门拥有 25 人左右。你的部门工作经验涉及污染排放控制体系、危险废物处理处置、排污许可证管理和模拟模型等内容。你觉得自己是值得尊敬的，你的工作得到了该项目领导人和直接上司哈里的称赞。哈里不仅口头称赞你，还告诉你在不久的将来，可能会作为某项目的带头人。你对加薪幅度表示很满意，但同时希望在部门职务上能有所晋升。

有一天，哈里给你布置了一个任务，主要是收集部门文件中有关某空气污染物排放量的数据，以及针对这些污染物所使用的污染防控装置。当你的计时卡片快结束时，你问哈里相应的项目编号，好给计时卡片充值。他告诉你只需给你上周的工作项目来给计时卡片简单充值。你觉得很奇怪，因为上周任务与污染物排放没有任何关系。下班后，你和一些同事出去喝酒，碰巧遇到同部门的同事，与他说到你对计时卡片充值号码感到迷惑的事情。他说哈里正在写一本书，并与出版商签订了明年到期的合同，并利用部门领导角色，来获得下属免费的研究支持。你明白哈里为了他的书，晚上和周末都在办公室工作。你也意识到当任务完成时，只要是在上班期间，他也会与你一同来审查调研报告，有时会花费几小时。最后，你会鼓起勇气问他本部门是否支持他写书，他不予理会你的质询，这使你左右为难。你如何应对这种局面？

5.12.2 讨论

作为该部门的年轻人，你自然而然地对广交朋友感兴趣，并且避免个人冲突，尤其是与上司有冲突。你想知道有多少你的同事，在使用部门资源来做与公司业务没有直接关系的工作。你的直觉告诉你，除非哈里的书在公司主持下出版，否则他有关工作应该在上班时间以外进行。而如果公开公司的数据，必须得到公司管理层的授权。作为一名科长，哈里可能会认为他的职位足够高能代表管理层做出这样的判断，但这不太可能实现。

你觉得有责任向 HPC 公司的高层管理人员举报他？但是，万一他已得到公司的授权呢？你的这种行为会让你看起来像一个笨蛋，绝对会失去哈里的友谊。这类似于他要求你去窃取信息？如果他要你拿电脑去他家，而不要告诉其他任何人？你是否会无条件地支持哈里还是你举报他？在往下阅读之前，自己试图回答这些问题。

发现同事在职场行为不端是个敏感话题，你可能会也可能不会同这个人有私人关系，该人可能会也可能不会，意识到该行为已违反道德。甚至可能曾经这个人指导过你，因此你很容易相信，嫌疑人的行为是完全可以接受的。然而，对这种情况的处理，对你诚信、责任和交际手段的真正考验。

5.12.3　建议措施

首先，因为它的敏感性，在做出任何指控之前，你需要尽可能多地收集信息。你需要与部门中你可以信任的人来对这种情形进行秘密讨论，了解书籍出版的准备工作是受谁资助的，它是每个人都忽略了的众人皆知的秘密？还是其他工作人员以同样的方式在“帮助”哈里？如果你得到的印象是，工作人员已意识到那样做是错的，然后告诉给其他人以试探他们的基本态度，把他们的注意力转移到支持你向前发展。如果你发现高层是容忍哈里行动的，那么你就可以停歇了。这对哈里来说也挺好的，以便更好地了解情况。公司是否从哈里出版的著作中获得好处？他使用的是否为公开的数据信息？当你寻找有关信息内容时，应避免被指控。可以假装你对他的工作有兴趣，希望更好地了解最终产品，以至于你可以在将来更加有效地帮助他。如果哈里在这方面的工作是光明磊落的，那么你就可以放松一下。

另一方面，如果你可以确定，HPC 公司的高层不知道知道哈里的书这事，那么你有责任采取行动进行举报。为了尽量减少可能产生的负面影响，你应尽量争取同事的支持。向他们解释，这将是高层发现之前，阻止哈里利用职务之便谋利的最好机遇。此外，向他们解释说，如果情况处理得当，每个人将获得管理层的信任，而且通过群体工作，降低哈里任何可能对你个人的报复风险。

一旦你的团队组建好，你的目标是使哈里明白他所存在的问题。要尽可能友好向他解释说，他的手下员工想要避免因高层得知兼职著书而引发的任何问题。也许你可以建议他尝试来说服高层，他的书会对公司是一个净效益。在任何情况下，必须停止“免费”工作。如果一切都失败了，你必须团结一切可以团结的盟友，约见高层管理人员或人力资源部门。一个好的人力资源工作人员应该知道如何处理这种情况，使得对利益相关者的影响最小。

5.13　产品主管着急安装新退火炉但未取得政府部门许可

5.13.1　困境

你是中西部地区小工具制造公司（WMC）的环境监督员。在过去的两年中，公司一直处于低迷状态，产品产量显著减少。公司的环境工作人员也已差不多全部被解雇，尽管你为该公司服务 15 年了，但你的经理头衔已被降级为监督员，因为现在你的小组只剩下一个人。你被迫用超出正常的工作时间来维持日常合规行为，因为紧张的工作日程安排，不能像过去那样，让你的员工对工厂定期进行日常巡逻。有一天，当你经过平时很少巡逻到的区域时，发现新安装了一台机器。通过进一步检查，该装置很明显是一个正在满负荷运行的退火炉，目前该炉尚未取得运营许可证。

你遇见了生产经理杰克，他解释说工厂接到制造巨大金属部件的紧急订单，需要更大的退火炉。为了加快推动该项目，他发现一个可以立即安装的旧退火炉，并且无需经过确保你能注意到这些变更的正常流程。杰克认为，因为旧退火炉在过去的两年中几乎没有使用，你只需将现有许可证挂在新安装的退火炉上即可。“我会让员工把新退火炉放在老地方，把旧退火炉的存放在其他地方或出售，甚至可以改变铭牌。环境大气署核查人员，无论如何不会真正过来转悠，永远不会发现其中的差别”。尽管有来自生产经理的压力，但你不希望接受这种做法。你建议杰克和你一起去找工厂总经理。

5.13.2 讨论

你知道你的同事杰克，本质上是一个好人。在严峻的经营形势下，他执迷于生产高品质的产品，来满足客户的需求，这完全是可以理解的。但是，现在这个问题已经发现，其最理想的目标是做对所有利益相关者影响最小的正确事情。

答案似乎是显而易见的。你知道什么是法律要求，但在这种情况下不折不扣地执行法律，是在做正确的事情吗？你承受的压力是可想而知。工厂正步履维艰，最不适宜的事是被控违法，支付大额罚款，并有可能遭受更加严重的惩罚。工厂本已处于快倒闭的边缘，如果工厂关闭，所有员工都是处于风险之中。如果你失去了工作，家人也会受到影响。如果你对管理层采取强硬的严格守法态度，他们可能会决定让更具有灵活性的其他人来取代你。

放任杰克的计划，不仅使公司有违反政府机构法律法规的风险，而且可能是更严重的罪行，甚至重罪。以为没有人会发现是幼稚的，随着工厂处于裁员的边缘，一定会出现一些心怀不满的前雇员向政府机构告密。如果你事后向政府机构提出许可申请，很可能会被认定为违规，并服从听证委员会签发的惩戒措施。去找工厂经理之前，你最好心里有个计划。

5.13.3 建议措施

当你与工厂经理会面后，应建议以下两种办法。第一种办法建议工厂经理让公司法务顾问与政府检察官会面来说明这种情况，法务顾问使用公司的合规记录来作为有利条件。但愿，这个纪录在过去一直无瑕疵，可提供文件支持这样的表现。然后，法务顾问应讨论守法行为对公司利润的财政负担。显然，目的是给检察官建立一个引发同情心的氛围。在适当的时候，律师应该提出许可证的问题，是因为该工厂在人员减少情况下，试图保持业务正常运营的结果。

期望检察官免除对此事的起诉是不可能的。但是，如果法务顾问在本次见面时提交许可证申请，在许多司法管辖区，可进行象征性罚款的常规快速处理方式，比如加倍征收排污许可费用。此外，在许多司法管辖区，许可证申请作为临时许可证经营。

第二个办法是工厂经理与当地环境大气署主席见面，假如双方已建立了友好关系。如果情况不是这样，那么你就应该鼓励工厂经理建立这种友好的合作关系，以便将来可以处理类似问题。建议工厂经理安排与主席的非正式会议，如果两位高层领导可以就退火炉许可证的处置达成一致，那么你就可以按该协议处理许可证申请。

环境专家们必须尽最大努力遵守环境法规和保障公众健康。然而，事情并不总是平稳运行，它们可能会面临像上述情况下的复产运营。在业务下行周期中，工厂员工处于裁员压力时，这是最有可能发生的一种情形。因此，最重要的是，要反思为何在试图寻找解决监管问题的捷径时，会采取不恰当行为。在这种情况下，需要鼓起勇气来争取同事和上司的支持，才能做正确的事。

5.14　设备供应商提供激励措施来做出所谓“客观”推荐

5.14.1　困境

你作为在环境领域拥有丰富经验的美国独立顾问，就职于米兰德环境控制署（ECA），就已在美国成熟使用的称之为最大可达控制技术（MACT）技术提供咨询。尽管MACT技术已在美国实践超过25年，它仍然是行业标准。但是性能要求（如允许排放量）在同一国家的不同地区，有很大程度的不同，这取决于各个区域的实现状态。这就使排放控制方法昂贵，因此使用它的行业，正在不断寻求能够降低运行成本，进一步减少排放的替代技术。

在米兰德较大的工业城市，最近出现了令人深感不安的癌症发病率，因此，米兰德环境控制署（ECA）准备调研在欧洲和美国推广使用的排放控制实践。米兰德环境控制署（ECA）初步决定效仿在美国最严的新泽西管控模式。由于你具有这方面的专业知识，是该过程中的专业技术顾问，并出版了多部相关著作。ECA授权你来对其工作人员和相关监管组织解释这种做法的有关细节。

同时，你知道即将推出一种新的排放控制技术，可能会取代目前的MACT标准。新技术在一些美国行业中尚处于评估阶段，但直到它通过州和地方机构准许之后，才能用于商业用途。你将这项新技术告知了ECA，但ECA在美国政府部门批准之前，不愿意尝试新的技术实践。

你相信新工艺是可行的，并认为它很快会被批准在美国使用。你联系了各种技术开发商和供应商，以获得有关性能数据来支持你的直觉，并将其转交给ECA。同时，也将此信息提供给米兰德的其他监管部门。在与美国的技术开发商和供应商的交往过程中，他们中的一个名叫CAU公司，你认为似乎最有前途的。通过与这家公司多次交流，你与它们公司的工作人员也非常熟悉。有一天，CAU公司的营销总监来拜访你，并提到他的公司对美国的监管水平滞后感到非常沮丧。他说他的公司愿意与ECA共同来推进这项技术，因为米兰德正在实施一项新的计划。因为专业原因，你与米兰德政府机构联系较多，CAU公司承诺在明年出售任何一个他们公司的设备，将给予奖金鼓励。你接受CAU公司的报价是道德的吗？

5.14.2 讨论

首先，最重要的是，要注意到CAU公司是几个技术开发商之一，在米兰德有用于新控制流程的设备。虽然你认为CAU公司的设备在米兰德是最有前途的，并保持尽可能多的联系。不过，你也建议他们应该仔细评估每个供应商的设备。其次，你已经被录用为美国现行技术标准实施的咨询顾问。眼下的问题是，在米兰德如果你接受了CAU公司的工作，你的咨询是否仍然可以保持良好的诚信关系？此外，你会因接受公司CAU工作而对其有偏见？换句话说，这份工作是否为贿赂？

你应该对米兰德客户的选择给出客观评价，他们将通过对已经验证安全可靠的技术，与更具成本效益但未经证实具有较大风险的新技术，两者进行评估比较来做出最终决定。你的职责是提供对这两种方法的客观评价，而不表现出任何偏爱。即使你的分析报告表明新技术是出众的，你也不能只从中推荐一种新技术，而应指出各的优点和缺点。即使你觉得CAU公司技术是最有利的，你必须要小心，你不能“推”这项技术。

至于贿赂方面，是的，技术也可以作为是一种贿赂。无论你是否觉得，拒绝它之后你将是客观的，接受这份工作使你CAU公司打交道时有天壤之别。你可以初步对这一有利技术进行评估，而且对CAU公司也感觉良好。现在，CAU公司使你陷入了一个道德困境。如果你接受这份工作，那么就等于收受贿赂。如果你拒绝这份工作，不支持这项技术并且的确是最好的新技术来惩罚CAU公司，那么你正在伤害在米兰德的客户。

你知道美国的供应商通过贿赂已经成功地与外国公司签订合约，这种做法虽然是违法的，但很少会被发现或起诉。在这种情况下，目前还不清楚CAU公司营销经理是否知道他给你的工作是贿赂。同样，CAU公司高层管理人员可能不知道这份工作。所以，你应该如何处理这份工作？

5.14.3　建议措施

你必须拒绝这份工作，并找借口来推迟你对 CAU 公司营销经理的回应。如有必要，花一些时间与同事来秘密地来讨论这个问题。最重要的是，要把这份工作作为一个可能的道德问题。在下次与 CAU 公司市场部经理见面时，你应该这样说："至于上次见面时你提供的工作，我不能接受。我知道你是真诚地提出的，但如果我接受你的提议，我不能在米兰德对我的客户进行客观评价。即使最终由客户自己做出购买决策和他们自己决定是否采纳 CAU 公司技术，但我不能接受你的奖金。我希望你明白和立刻放下这件事。我相信我们双方都从这种情形中学到了一些东西，通过这件事共同前进是不成问题的"。

5.15　竞选团队建议你反对有关环保项目来赢得选举

5.15.1　困境

你是个恪守公民道德和公民意识的专业人士，也是你与家人所居住的中型城市森特维尔市议会的成员。你目前正在竞选连任，对公众环境问题的一贯立场是有见地、中间路线和没有争议的。你所在城市的国家能源公司控股发电厂拟使用危险废物作为补充燃料。该电厂拥有出色的环保和节能纪录，在你看来，不惜花费重金打造一流的设备设施，这设备具有对污染物排放的全过程控制和安装连续排放监测系统，该电厂已获得政府许可，符合全部监管要求，并使用专门的封闭转运车运输来自各种渠道的危险废物燃料，确保危险废物不会在任何住宅或商业街区抛洒。你深入研究了项目规划，并约见了电厂的环境顾问，他告诉你该项目在其他地区取得成功的有关经验证据。你坚信这项提议是非常靠谱的，应得到市议会的有条件使用许可证（CUP）。但你的政治对手都站出来反对这一提议（采用的是常用的"不要在我的后院"（NIMBY）理由，如在当地街道运输有毒废料，有毒气体排放等），而且这一议题正成为一个重要的竞选议题。因为怕落选，你的竞选团队和当地党魁劝你也反对这个项目。市议会表决在一星期之后，而选举就在两周之后。你该怎么处理：①忽视这个问题？②跟对手一样也站出来反对，但在言语中把握好分寸？③支持它并试图阐释其有利之处？

5.15.2　讨论

当前，你是你所在城市市议会有一定地位的环境专业人士，正面临会影响你连任机会的困境。在环境专业同事们的帮助下，已有任何不带偏见的证据表明，遍布全国各地焚烧危险废物的发电厂，均经营状况良好，并符合当地空气环境和危险废物的监管要求。在城市街道上运输危险废物的问题，也可以通过全封闭运输车辆在非高峰时间通行来解决。但是，你的竞选团队和当地党魁认为该电厂是你能否连任的关键？你非常看好这个项目，并了解到该电厂建成后较低的电价会给这个城市带来经济利益。当然你也可以站出来反对这个电厂，然后在竞选连任后改变立场。问题是，当你已经非常看好这个工厂，还这么做是否是正确。

在竞选期间反对电厂是不诚实的，偏离了你维护这个城市公民权利的基本职责，从长远来看，这些民众将受益于低电价。你也失去了那些对工厂设计和运营方案花费很多心血的工程师的尊重。而如果在选举后你改变你的立场，就失去了民众的尊重，将可能会影响你的下一次连任。

此外，政治顾问只关心让你当选，公众很少只受一件事操控。如果你能在竞选活动中，通过指出该电厂的优势，表明你非常关注选民的切身利益，并且作为环境专业人士你可以为你的判断背书，他们最终会选择支持你。

5.15.3 建议措施

不要听信政治顾问的妄言而动摇你的立场，政治顾问的判断来源于投票反对这个项目的无知公民，这似乎太冒险。负责任的做法是在未来两周时间内，对公众解释出该项目的好处，并在竞选活动中尽量清晰地表达你的态度，联系电厂经理通过大肆打广告支持你，宣扬全国各地危险废物转化为能源的成功项目，联系这些城市的管理者，获取运输车辆通行和如何管理的有关经验做法。公开招募城市总工程师，最好能让当地政府监管机构的领导人来支持你的看法。了解持反对意见的公民团体领导者的名字，和他们进行面对面挑战辩论，表明你非常关心这个城市公民的切身利益，这家工厂除了环境友好，还给他们提供就业机会。这时你会感觉很顺畅，投票赞成该项目是应该做的事情。

在讨论这个难题时，通常人们宣称，在这个项目上，竞选获胜比领导这个项目更能为社区作贡献。你应该集中精力说服市议会同事，这样就可以教导他们的选民，让行业支持者通过鼓励各自理事会成员代表，继续为项目获得批准活动而行动。至少，你一定会坚持到下一次选举。

5.16 在产品订单的最后期限内报告有毒溶剂泄漏事件

5.16.1 困境

你是位于爱达荷州森特维尔 AMI 制造厂的环境经理。工厂刚刚收到一个很大的紧急订单，AMI 制造厂的生产经理乔治，告诉你按照下个月交货的日程进行安排，设备几乎需要每天 24 小时运转。你在一次工厂例行巡查中，注意到为项目运转关键机器提供液压机服务的水槽，发生了一处细小而又连续的氯化物溶剂泄漏事件。你明白泄漏液体是一种已被列为有毒有害的污染物。你告诉乔治必须高度关注这个问题，并要求做出阻止或收集泄漏，以及妥善处置泄漏液体的方案。乔治的反应是："幸运的是，泄漏的地方紧挨着排水管，泄漏液体将会直接流入下水道"。你知道排水管直接通向城市下水道系统，最终进入附近的水域，它甚至可能影响当地的地下水含水层。你准备向当地政府部门报告泄漏事件，要求乔治立即解决好这个问题。你第一时间把这个情况通知给了工厂经理查理，经理召集你和乔治开了个会，三个人深入讨论了这种情形。查理问你如何在不违反紧急订单合约的前提下处理好这种情况。

5.16.2 讨论

即使担心可能会导致生产线停产的风险，并导致延迟订单交货时间，你也建议报告这个泄漏事件？或者你建议什么也不做，就像乔治认为的，泄漏液体流入下水道，可以在订单交付后再修复泄漏问题。

无论有毒物质排向哪条下水道，最终都会对公众健康构成威胁，环境专业人员不能允许这种情况发生。下面是对值得信赖和负责任的并且崇尚"做正确的事"的环境专业人员推荐的措施。在处理查理、乔治和工厂其他同事方面，你必须做到谨慎、正义和公平，确保这件事对于他们来说是个深刻的教训，让他们了解遵守环境法规以及坚持这些法规的重要性。这不仅仅是停止或控制液体泄漏的问题，而是要做必要的检测，以确保工厂所有机器是正常的，在接收新订单时可随时启动机器。像 AMI 制造厂这样的公司，有为制造厂机器进行定期维护的计划安排再正常不过，尤其要定期维护那些有可能泄漏有毒物质的机器。

5.16.3 建议措施

在工厂经理查理的支持下，你应指导乔治和工作人员立即安装一个收集容器，阻止有毒有害物质对周边环境的进一步入侵。收集到的有害物质将被放置在合适的容器中和贴上"危险废物"的标签。下一步，你必须完成你的调研报告并拿给查理签名。如果他不愿意，你就向他解释自查报告的重要性。

然后你必须向当地执法机构提交报告，执法机构可能会要求 AMI 员工或公司顾问来说明有毒废物入侵的程度，然后确定是否需要进行修复。你将是公司负责选择顾问、批准计划、跟踪调查、评审报告和同执法机构协调的主要监督人。公司法务人员无疑将要处理执法机构带来的法律事务。

最后，你必须确定未进行报告的泄漏是怎样发生的，为什么你没有立即通知？你应该把调查报告给查理，他是负责纪律处分的人。因为你没有制定积极的排放或泄漏预防计划，你应当心你可能是有罪当事人之一。

5.17 在申请换证许可时报告以前未经许可的设备

5.17.1 困境

你作为API公司的环境经理，正准备申请对公司的V型许可证进行更新，你发现有个涂层装置，在你两年前还没来公司上班时就已安装在生产线上，但你的上一任环境经理没有把它加入到之前的V型许可证上。你问过工厂的员工，没有人可以解释为什么会发生这种情况，有可能是被遗忘了。

涂装机保养得很好，看上去像是崭新的。在过去的两年里，当地政府部门没有人来过该工厂，因而不知道涂装机的存在。在申请新的V型许可证时，很有必要将涂装机也包含在内，你在许可证申请书上会将涂装机安装日期填成哪一天？

5.17.2 讨论

这个难题涉及是否公开因上一任疏忽而导致的不符合联邦法规的问题。因为违规行为较轻，你有可能侥幸逃脱惩罚，但这样处理的方式可能是不道德的。

这看起来似乎是个很容易被忽视的问题，它试图对涂装机以当前日期来申请新的许可证和支付许可费用。然而，这是不诚实的做法。涂装机以前一直没有被许可，很显然不是你个人和专业人员的失误。但是如果在申请当地政府部门排污许可和V型换证申请书过程中谎报涂装机购置日期，那将是你的失责。对于任何新环境主管来说，审查所有车间的设备许可证，并且列出一份详细的设备清单，以确保他或她的车间完全符合许可规则，是明智之举。

5.17.3 建议措施

首先去找API公司的车间主管解释情况，表示这是一个纠正前任经理意外疏忽的好机会，并指出你所了解到的政府部门能否发现真正日期的有关情况，然后告诉他如果API公司向政府部门报告真实情况，并解释说这是一次意外疏忽，将非常有利于公司的利益。这将会建立与政府部门的信任关系，以致于即使在发生严重的排放控制故障时，API公司将不会受到严厉惩罚。政府部门检查员从没来过工厂的事实表明，工厂已经与政府部门有良好的关系，如果能进一步保持政府部门对公司的信任将是非常有必要的。

在准备许可证申请和V型换证申请时，你需要详细说明涂装机的真正购置日期，这个之前没有被报告的涂装机它会排放污染物。亲自把申请报告交给政府部门并解释这些情况。如果 API 的工厂经理希望陪你，可以接受他的支持。与政府部门合作来扭转局面，在自行主动报告的情形下，政府部门可能不会进行罚款，或者最糟糕也是按初犯类型来惩罚。因为你刚来工厂，这是个与政府部门工作人员形成友好关系并获得他们尊重的好机会。

5.18　要求重新采样来替代不稳定工况下的检测结果

5.18.1　困境

你是俄勒冈州太平洋格罗夫污水处理厂的环境经理，污水处理厂经处理后的废水直接排入到离岸边一英里远的大海中。你的员工刚刚采集了一份污水处理厂废水的样本。工厂办公室主任珍妮特打电话给你，她说知道你员工取样时，刚好工厂处于工况不稳定时期。她要求你重新取样，因为之前的取样没有“代表性”，而现在工厂运转负荷正常。你如何回应她？

5.18.2　讨论

这个难题涉及有人要求工厂环境经理放弃早期的采样，重新采集样品来纠正早些时候工况不稳定时的采样，作为工厂环境经理你有责任保护公众健康。你要在符合环保法规的前提下操作，环保法规是为了确保你遵守它从而来保护公众健康。在本例中发生了运行不稳定事件，按照法律就必须报告这个情况。根据规定，要定期取样和分析来检查废水水质。如果样品分析表明污水超出可接受的限度，必须立即报告政府部门，并限期进行整改，确保达标排放。

5.18.3　建议措施

既然现在工厂废水是达标排放的，你应该向珍妮特解释当前进行重新测试也是恰当的，但必须报告之前的测试结果，包括超标原因、开始时间、不稳定程度、发生频率和其他细节，以及回到达标排放的时间。假设检测结果证实存在不达标情形以及现在符合达标，你就要准备一份给工厂经理保罗·史密斯的报告。

你和保罗必须考虑政府监管和责任追究的事，如果两次废水样品都是在可接受的范围内，你可只报告高浓度的有毒废物，这是比较理想结果。但如果第一次样品的毒性浓度超出允许限度，你必须向水污染防治机构提交报告，解释原因和提出整改措施，以及超标排放的有毒物质数量。你应该会见政府部门主管并确定解决方案，以确保不会再次发生类似事件。建议安装在线监控系统，如有潜在超标情况它会立即报警。如果有必要，它会停止工作进程，直到原因被找到并得以纠正才能再次开启。

接下来，你必须把检测发现的情况提交给保罗。如果可能的话，帮助他确定要采取的整改措施和任何必要的纪律处分。你绝不能接受部门主管或工厂经理压制首次样品信息的决定。最后，给当地政府部门提交一份详细描述原因和改正措施的整改报告。这种违规行为（假设有一个）是环境监管过程中存在潜在弱点的表现，你需要采取行动和必要措施来避免任何类似事件，如空气、水和危险废物的超标排放问题。

5.19 公司老板的借口差点使你处于危险之中

5.19.1 困境

作为环境专业人士，你已经被选为森林产品公司常绿木材公司（ELC）的环境发言人。公司拥有大片林地，根据 ELC 公司的长期规划，这些林地将在下个世纪以轮伐原则被采伐。你计划约见本县环境委员会讨论公司有关土地的长期计划，在某种程度上，你试图对 ELC 公司打算在树木砍掉后建个垃圾填埋场的谣言进行辟谣。因为已经做好砍伐树木的安排和开始执行合同，所以需要县环境委员会尽快做出审批。ELC 公司的老板罗斯·克洛斯，向你强调了获得县环境委员会批准的重要性，因为他已承诺很快启动此项工作。

当你在飞机座位上打开关于那大片土地的文件夹时，你意识到罗斯的秘书，误把给罗斯的文件夹给了你，在给老板罗斯的文件夹中有建设垃圾填埋场的详细计划。你该怎么办？你要考虑对企业、自己、环境委员会以及公众健康的负责。

5.19.2 讨论

你独自在飞机上，切断了与办公室的所有沟通渠道，你的脑海一片混乱：我已经被罗斯先生安排好了？文件中的信息是当前的吗？因为没有能跟你互动交流的人，只好深思有关伦理的支柱性特性。你的老板已经委托你作为公司代表，你必须说真话，讲出全部事实。你足够信任老板不会让你出现以上这种情况？你应该尊重作为代表的使命感，相信文件夹的信息是过时的。如果有委员问你有关垃圾填埋场传闻的事，你有责任在会见县环境委员会之前确定这些问题的答案？

5.19.3 建议措施

当你下飞机时，你必须给罗斯打电话并说明情况。为确保对县环境委员会给出一个公正、公平的研究结果，罗斯应对这种差异进行解释或提供更多信息，以便你向委员会说明。如果你对老板提供的信息感到不可靠，你有权利取消本次会见并返回办公室。在这种情况下，我们都希望文件夹中的信息已失效。尽管它可能是过去的一种选择备选方案，但目前已经取消。只有这件事解决了，你才能去参会。

如果罗斯告诉你建设垃圾填埋场的想法没有放弃呢？他说这不是现在要考虑的问题，如果概念设计完全可行的话，就提交一份含有环境影响报告全部吻合的独立许可申请书。你和他必须讨论清楚 ELC 公司未来商业计划的详细情况。如果你知道了这个长期计划，应在离开工厂之前弄清楚 ELC 公司的意图。但现在你要做的事，是打电话给罗斯把问题弄清楚，做好充分准备去见县环境委员会。

5.20　公司老板的朋友希望得到新的咨询合同

5.20.1　困境

你已转岗到一家财富 500 强公司林康公司制造部门的环境健康安全官。该部门大多数日常工作中使用同一个环境咨询公司 BSC 公司。BSC 公司经理合伙人比尔．巴顿和林康公司的部门总裁查理・琼斯都属于同一乡村俱乐部，两个都是同一所大学的校友董事会。你听说 BSC 公司工作草率，不能保证截止期限前完成任务，而且要价又高。虽然目前 BSC 公司还没有发生严重的错误，你觉得这只是个时间问题。部门正在计划进行主要厂房的改造工程，比尔认为你会用他朋友的咨询公司开展环境许可工作。你该怎么办？

5.20.2　讨论

首先你注意到这是个进退两难的局面，因为你没有真实证据证明该公司会对公众健康造成威胁。如果林康公司该部门获得的利润不错，并且与社团保持良好关系，那很可能情况是，部门总裁比尔应用这类政治关系，来增强公司在社团内的重要性。公司的采购政策可能会把竞争性招标的问题交给部门经理去自行决定。然而，这不是环境健康安全官的责任。你认为 BSC 公司的表现不佳，但是你作为刚来到这个镇上的新人，如果没有一些令人信服的例子将无法说服比尔。除了这个问题以外，因为你刚把全家搬入该地区，并且你的孩子要在这里上学，所以任何跟比尔对立的想法，都可能会严重影响你的家庭。在这种情况下你应该怎么做？

5.20.3　建议措施

你应该做的是聘用 BSC 公司做能胜任的事，并给它施加压力。你必须使他意识到你是他们的客户，应尊重你公司的需求。你还应约见BSC公司的项目经理并试图建立个人友好关系。安排一个会议，你们两个一起会见负责批复许可证申请的政府部门员工，随后你要和政府机构领导人建立良好个人关系，便于打听BSC公司员工的更多信息。如果环境政府监管机构对此项工作还有疑问，需要写封信来进行详细补充说明。

与此同时，你应该深入观察BSC公司的工作，并确保它遵守法律法规和测试规程。你应该通过管理好咨询公司，尽你最大努力来保护好公众健康。不过要小心，不要因为只看到比尔好的一面而忽略他的缺点。你甚至可以与BSC公司管理合伙人交流来积极帮助比尔。通常情况下，直到出现非常严重的问题时，最高管理层才会知晓员工的缺点。如果你有既能解决问题的能力，又能使高层管理人员保持舒适的水平，那将是两全其美的。你在这方面越坦诚，你就越有机会为林康公司和BSC公司取得更好成绩，在这种情况下，人们就会知道你是一个负责任的经理。你可以与周围所有人成为朋友，但你不能忘记你的使命。作为刚来到镇上的新人，你必须清醒地意识到，在那些如建模或测试活动中你不是专家，你必须努力做些事情来证明你的实力。你可能发现你的前任经理没有做类似的监督，这也是BSC公司没把工作做到最好的原因。

5.21 合同保密阻止了咨询顾问公开问题的真相

5.21.1 困境

你所在的环境咨询机构KGB公司的客户ACI公司，拒绝公开很确定会危害当地公众健康的严重污染信息。该客户已与你公司签订了一个七年的合同协议，并且平均每年支付约50万美元。ACI公司的协议有保密条款，禁止你公司透露任何关于你为它工作的信息。由于可能会对你公司带来不利影响，你的项目经理迪恩，一直偷偷地对他与ACI工厂经理丹·罗汀的通话进行录音。在电话中，你已经感觉到丹·罗汀对将来与你公司进行业务合作的含蓄威胁，“如果你有胆将关于这个污染问题的任何字眼泄露出去的话，后果自负”。

你公司的律师米歇尔提出，你与客户签订的合同阻止你采取任何行动去公开测试数据，并指出迪恩没有告知客户而记录谈话录音也是触犯法律的。你该怎么办？

5.21.2 讨论

很显然，此时的目标是说服客户报告污染情况，并采取必要补救措施来保护公众健康。根据合同，你不能将这事透露给官方。你与ACI公司打交道七年的经验表明，这不是一个正常的现象。根据这家公司的经营规模，很明显这是业内较大的公司。ACI 公司的最高管理层不希望这样的严重事件升级为一个备受舆论关注的事件。丹·罗汀显然也不希望为这种潜在的违规行为承担责任，影响了他工厂的业绩和盈利能力，这涉及他的业绩奖金。

许多大型制造企业并不要求车间经理承担遵守环保法规的代价。例如，如果一个洗涤塔坏了，它会被更换，但不会扣减车间经理的业绩和盈利。类似例子是否适用于 ACI 公司，这也是在与丹·罗汀交流时值得考虑的事情。当污染物排放可能严重影响到公众健康时，一些遵守道德底线的咨询公司会拒绝同意这样的保密条款。不幸的是，在一个竞争激烈的世界，往往需要通过对管理人员进行道德培训，确保理性维护公众健康的义务。这不仅适用于环境专业人士，也同时适用于其他行业和企业的领导。

5.21.3　建议措施

你应该在一个友好的氛围中与丹·罗汀见面聊聊，或许可以选在午餐后。在没有进行录音的情况下进行讨论，并说明如果这种污染情形没有报告，你们俩所要面临的后果。你要告诉他一些雇员已意识到污染情形，并且他们之中肯定会有心怀不满的员工会去告发，然后你们俩就会陷入麻烦。建议他选择主动报告，好处是向政府机构表示非常关注此事以获得其信任，这表明你有良好的主观意图来纠正这种情况。最后，询问 ACI 公司的环境经理是否了解该事件，并告知为遵守环保法规公司每年将会花费多少钱。这次会见将达成关于行动的计划或协议，如果没有，KGB 公司的律师应与 ACI 公司的律师会谈，底线是必须发布污染排放报告，并采取补救行动。

5.22　客户认为你反应过度

5.22.1　困境

你是危险与可操作性分析（HAZOP）咨询团队的领导，被安排去评估 CO_2 – R – Us 公司 CO_2（干冰）工厂的制冷系统。CO_2 – R – Us 公司是一家全国性公司，在全国各大主要城市拥有工厂。该工厂位于可提供 CO_2 的冶炼厂附近，CO_2 通过压缩和冷冻形成液态和固态两种形态。你所在的咨询公司（EERI）已签了好几个 CO_2 – R – Us 公司的工厂进行 HAZOP 分析。但这是你团队开展分析的第一个工厂。你团队中的结构专家肯恩，在最初的工厂检查中，发现了系统中一个严重的设计缺陷，万一发生地震将会导致释放大量的无水氨。该工厂位于一个最大的地震潜伏带，在过去的地震中曾发生过轻微的泄漏。肯恩是一位具有丰富抗震分析经验的注册结构工程师，他通过例行推理便可以肯定这个设计处于临界状态，但是没有任何建筑规范能够说明这种情形。你告诉了 CO_2 – R – Us 公司的工厂经理弗雷迪这个情形，并且建议加固构造。肯恩、你和弗雷迪均意识到这个加固工程可能需要花费 30 万美元到 50 万美元之间。弗雷迪面无表情并略有敌意，他告知你和你的团队离开，他再考虑考虑这个问题。

一周后，你在 EERI 公司的上级主管，已经为 CO_2 – R – Us 服务超过 12 年的勒罗伊告诉你，由于 CO_2 – R – Us 公司认为你团队反应过度，这个合同已经终止。CO_2 – R – Us 公司设计那个工厂的结构工程师说没有任何问题。你大吃一惊！你要求肯恩对分析报告进行确认。结果是，不仅你对分析报告表示肯定，而且你知道了几个基于同样的原因最后导致失败的案例。你将这些信息告知了勒罗伊，但他拒绝与客户重新讨论这件事。随后，你被告知这个客户不仅没有对 EERI 生气，而且将继续使用 EERI 的服务，但是，在此例中，你和弗雷迪之间产生了隔阂，最好的选择是在变得更糟糕之前结束这种局面。你的最新发现并没有改变勒罗伊的决定。你应该怎么做？

5.22.2 讨论

这显然是一个敏感的局面。分析师们对结构的完整性肯定会有不同的看法。在这种情况下，你应该努力去验证肯恩的初步分析，并有历史证据表明这种结构有潜在的严重问题。你没有掌握 CO_2 – R – Us 公司结构工程师的分析报告的信息，但你十分信任肯恩的工作。幸运的是，在这个厂区没有发生严重的地震，所以没有实际的数据来验证。然而，如果肯恩的分析是合理的，地震时就会发生严重的损害、人员受伤和死亡。站在保护公众健康的角度，这是不能被忽视的。

5.22.3 建议措施

作为一个负责任并且值得信赖的工程师，你应该说服勒罗伊允许你提交一封证明信给 CO_2 – R – Us 公司总部，信的内容包括关于如何加固它的边缘部分，并附上你的结构分析说明，同时附上所有你准备的材料和送给客户的反馈“回执”。你也应该跟 EERI 公司的律师讲明，并且建议以信件形式将肯恩的全部发现成果送到 CO_2 – R – Us 公司的法律部门。

由于地震破坏模式可能永远不会发生，你也可能永远不会知道你是否是正确的。明智的做法是联系你所在城市的工程师协会办公室，建议他们基于你的调查结果对有关标准规范进行重新审视。但向客户发送信息是正确的，如果你将这种困惑告诉给结构工程师团队，一定会引起积极的讨论。

5.23　客户的对手在建模评估时出错且对你有利

5.23.1　困境

你的客户标准石油公司（SPI）被起诉，被揭露因为它使得工厂附近的居民存在患癌症的风险，并需要将风险告示给附近人群。SPI 的工厂处于一个人口稠密居民区的正上风方向，SPI 一直未能及时发布公告，被起诉要按照本州法律的要求及时公告。在你使用评估模型时，发现其他建模工具使用的建筑高度和下沉气流的假设，没有你使用的评估模型那么保守。事实上，根据“正确”的假设，你的客户不仅应该事先告示邻居，而且要求安装大量的排放控制装置。当你把研究成果告诉 SPI 的律师后，你收到回复，说已给原告提供了经济补偿，并且不会采取进一步的补救办法。律师准备去商谈有关货币补偿细节，并且驳回了你的发现结果。当你询问是否需要安装控制装置时，律师回答道，所有的建模假设都是非常保守的，就没有必要再继续下去了。你被告知你的发现仅仅是内部成果而不会采纳。你被要求删除计算机文件，只需提交付款清单而不需要提交书面报告。你该如何处理这种情况？

5.23.2　讨论

本困境中，在客户对手采取诉讼手段推动下，你进行了健康风险计算机模拟工作。律师和环境专业人士对某事有截然不同的观点，这是非常正常的。环境专业人士致力于保护公众健康，而律师则致力于使该案件对其客户的影响最小。既然你有了调查结果，那么忽略调查结果在道义上是错误的。最终，监管机构将会对工厂排放的气体进行毒性分析，并要求安装控制装置使排放量减少在可接受的范围。即使工作人员使用的模型是保守的，但是对人口敏感性的影响是广泛的。可接受标准是美国环境保护署通过许多综合性健康效应而研究建立的。不论保守与否，如果你的模型显示致癌物排放水平已超出可接受标准，那么必须采取行动来保护公众健康。

5.23.3　建议措施

在案件处理后，你应该去见你的客户，并表示公司最应该关注的是附近是否有居民接触到过量的致癌物质。如果附近有癌症病例报告，他们将再次反对工厂，并且再次启动诉讼程序。你建议客户应该保留你或其他咨询机构来进行空气抽样测试以便测算现在的致癌风险。如果癌症风险真的很高，那么该工厂可以考虑安装排放控制装置消除或者减少排放。如果测试表明排放量是微不足道的，那么客户将有证据用来对付将来可能引发的起诉。如果浓度的测试结果是非常低的，客户甚至可以把这些测试结果分享给周围的居民和业主委员会等，使他们相信工厂也是好邻居。

5.24 部分行业调查数据被人为主观剔除

5.24.1 困境

你是一个行业委员会的执行主席，该委员会正在与美国环保署空气质量规划和标准办公室（EPA OAQPS）进行谈判以争取最大可达控制技术（MACT）。你的委员会已收集了大量数据用于建立 MACT 基准。一个咨询师的报告显示，“不控制”对某些特定生产线也是 MACT 基准。大约对 500 个排放源进行了调查，但只有 27 个工厂进行了控制。EPA OAQPS 接受了该报告，并且即将颁布规则。

你去参加一个行业协会的会议，在会上碰巧遇到其他公司的同事前来祝贺你取得的成就。“我很担心，因为我知道，ACME 公司有超过 15 条生产线在西海岸，而且他们都受控制”。这句话触发了你潜意识中的顾虑，因为你无法重新查看咨询报告中有关 ACME 的数据。你打电话给咨询师，他说你们委员会的几个成员告诉他不要去花费心思接触西海岸公司，因为“西海岸公司使用了不同的生产线”，你意识到要数据正确需要对所有生产线进行控制。你召开了个委员会会议，并告诉他们有关情况，你告诉他们政府机构应立即对规则进行修订。但是他们中的大多数人都反对，因为控制就意味着巨大的成本，他们说这个行业支付不起那些费用等等，你怎么办？

5.24.2 讨论

美国环保署法规将 MACT 基准作为在美国当前最低控制水平和全国任何地方最高水平之间的一个平衡点。具体而言，它位于最低至最高排放量之间的 82%。所有从源头上排放都超过 82% 这个点，MACT 基准需要生产线至少都达到 82% 的控制水平，包括能源、石油、农业等在内的各行业，都需要为他们所在行业的每个工业流程建立一个 MACT 基准。在过去的几年里，许多行业成立了委员会并且聘请了咨询师从许多来源中收集数据，并且用统计学处理数据用于建立 MACT 基准。

由于早期在西海岸发现烟雾型空气污染，大家普遍认为，西海岸的控制将是更高水平的 MACT 分布。因此，在这种情况下，如果行业委员会试图使“西海岸生产线是不同的”理念合理化，虽然你知道这明显不正确，你至少要确定对西海岸生产线进行单独讨论的理由，但你已经确定了 ACME 公司数据没有被使用的事实。当你遇到协会委员会，尽量促使委员会告知 EPA OAQPS 对于此种情况的忽视，但他们拒绝支持你。在这个两难的问题中，你是与委员会保持一致，或者你单独采取行动，因为你认为他们说代价太高是没有意义的，并且一点也不诚实？

5.24.3　建议措施

首先，你去找公司管理层，并尝试获得他们的支持。假设他们支持你，你自己或一位公司高管进入到行业协会的高层。这项决定也可能将问题带回到你最初的委员会，并且让你的新团队尝试说服委员会成员改变他们的想法。很可能 EPA OAQPS 会意识到这个欺骗并且使你的行业协会感到尴尬。如果这不起作用，你公司的执行委员会应该做一些必要的事以避免这种欺骗，你需要尽可能地帮助他们。

5.25　政府机构模型采用的参数过于保守

5.25.1　困境

你是空气污染防治机构的负责人，经常使用承包商预先制作好的标准模型。基于承包商编写的程序，工作人员对模型进行了试运行并获得认可。模型发布后，行业团体和地方政府就发现模型高估排放量 25% ~100%。你任命一个专业委员会来评估这种情况，专业委员会认为确实高估了排放结果，但发现数值在 10% ~ 25% 范围内。你约见了承包商，承包商表示是你们的工作人员强烈建议采用更为保守的参数，以便给行业施加更多压力。承包商拒绝进行免费修改，而且进行再次修改的收费很贵。政府机构预算已用完和法定售后服务期限已过。你该怎么办？

5.25.2　讨论

在开发类似健康风险模型和监督模型进展时，政府机构工作人员通常趋向于使用保守的方法来维护公共健康。然而，加大了工业和其他排放源的污染防治成本。工业委员会经常与政府机构相互妥协，在公共健康和成本控制之间达成共识。开发该模型的工程师已经按照合同完成任务，并且不可能在没有额外支付费用的情况下重新修改模型。

5.25.3　建议措施

有确凿的证据表明该模型是有问题的，而且没有可用的资金去立即纠正模型，因此，作为政府机构负责人，你必须撤销该模型。你应该约见力主采用保守参数模型决策的政府工作人员，必须弄清楚为何没有告诉你。你应该召集所有相关政府机构人员进行调查，并且寻求解决问题之道。在此之后，你可能需要对那些没经过你同意，就自己做出决定的人进行批评问责。

5.26 咨询顾问考虑采用欺骗手段来赢得投标

5.26.1 困境

你是蓝胶带（BT）公司的老板，正在对需要进行大量计算机建模的空气许可业务进行投标。作为一个有多年经验的专家，你有能力完成必要的建模活动。但因为手头上有几个正在进行的项目，你没有时间来自己建模。在本项目上，你建议对计算机建模工作进行分包，但表示你将仔细审核数据输入质量和模拟结果。但最终客户选择了工作经验比你公司少的竞争对手，只是建模师是该公司的正式雇员。事后了解到，客户认为建模是该工作的关键环节，相信采用公司部门建模师比聘请外部建模师的承包商做出的结论更可信。你考虑在下次投标中亲自来建模，充分表现你的个人资格和能力，这也是优于其他竞争对手的加分条件。当中标之后，如果时间上错不开，会考虑雇佣个分包商来做计算机建模工作，当然你会仔细检查所使用的建模方法和数据报告的格式，并亲自负责模拟结论、工作建议和部分结果的展示，然而这样做是否符合伦理?

5.26.2 讨论

一个称职的咨询公司必须花时间了解潜在的客户，并了解客户的潜在需求。在本困境中，咨询师自认为仅仅凭借个人优势就能赢得招标，却不了解客户的评价标准。

5.26.3 建议措施

不要指望客户会改变已与你竞争对手签订合同的决定，这一篇章就此翻过，你需要不断地从错误中吸取教训。如果你知道客户最关心的是建模质量，并且说如果你亲自建模就会相信你公司的模型，那么你就必须亲自为客户建模或放弃投标。假设投标时承诺把时间投入到这个项目，中标之后把建模委托给分包商的做法是不符合伦理的，因为它涉及不诚实，也意味着不可信。如果你事先知道这项工作确实需要你的个人专长，但你不能提供，那么值得尊敬的做法是向客户解释真实情况，并退出竞争。如果你以前的建模能力得到客户认可，客户可能试图采取调整日程安排的办法，以确保你能参与进来。如果无法调整日程安排，那么你诚实的做法和为客户着想的态度，会提高你在将来获得合同的机会。

另一方面，如果建模需要一个新程序，而你个人又没有相关方面的经验，那么寻找建模所需的能力和雇佣其他人就不能算是不道德的行为。在投标书中，你应该详细描述公司的过往业绩，也包括新的建模师的相关经验。明确你在建模过程中的角色，以专家身份进行监督，并且对最终结果负责，通过这些以使客户放心。诚实和公平地展示你在项目建模方面你的角色，确保客户能正确感受到你的团队所做的工作。

最后，在随后的招标中，由于客户独特的评价标准没有给你进行欺骗的机会，所以事实上你已经失去了这份合约。但你可以通过此事来接近客户并解释清楚有关情况，向客户表明你理解他做出的选择，期待将来有机会合作，这种努力是符合伦理的市场策略。

第 6 章

环境困境——判断与决策情形

6.1　公司环境污染排放——责任推诿到哪里才会停止

6.1.1　困境

你是坐落于莫农加希拉河边 ACME 钢铁制造厂的环境经理。你接到当地码头经理的电话，他建议你检查下你的工厂是否排出一种浮在水面上的物质，该物质会使停泊在码头的船舶染上颜色。你调查后发现这种物质可能来源于用于收集涂装作业场所过量喷涂的水幕，这一发现得到喷涂工领班查理的证实。显然，喷涂室水幕的废水应先流到污水处理厂。

污水处理厂的水泵两个月前坏掉了，由于维修费用已超出今年预算，而没有得到及时维修。未经处理的污水是自那时起开始外排。查理的老板也就是生产经理苏珊，警告过他如果再次超出维修预算，他将会被解雇。你跟苏珊谈论这件事情，她很愤怒并极力否认一切，表示会在 48 小时内修好泵。你知道维修的费用会对苏珊的盈利有不利影响，而且你怀疑这是她提出警告的背后动机。她暗示你不要报告这件事情，因为“没人能证明污染排放来源于我们的工厂”。你知道如果被发现的话，公司将会受到严厉处罚。你将这件事情报告给你的老板汉斯，也就是制造厂的总经理，他让你提出一个建议方案。怎么会发生这种事？汉斯应该解雇喷涂作业领班或者仅实施停薪休假？苏珊呢？你和她是否会对排污行为共同承担责任？总经理汉斯和公司责任又是什么？

6.1.2　讨论

这是有关“责任推诿到哪里才会停止”的案例。显然，当事实已基本查明，应立即从恰当的管理和法律角度对该事件进行报告。通过采用适当的自我报告，执法机构可能会减轻惩罚措施。本例中涉及的价值观主要是诚信、尊重和责任。

上述问题发生的主要原因是管理制度的不完善。在企业的经营管理中，将薪酬与绩效挂钩是很普遍的。尽管这一措施能有效地激励员工，但也会诱发不端行为、缺乏训练以及掩盖事实等问题。在适当位置具备良好环保管理体系的企业，往往会从他们的奖金激励计划中扣除控制污染和遵守其他规章所需的费用。如果该企业已制订这项政策，上述问题就从不会发生。

6.1.3　建议措施

查理是否应该停薪休假或者解聘，主要取决于他在遵守环保规章和其他因素等方面所受到的教导。如果查理在过去很长一段时间内的表现都令人满意，大家普遍认为他是一个好人，并认为他在工作中真的受到威胁，那么，让他进行短期停薪休假是可行的，对他和其他的员工起到警示作用。

如果没有对领班和其他员工在遵守重要的环境法律法规方面进行充分的指导教育，则生产经理应该受到更为严厉的处罚。更为严重的是，无论是污染排放，还是掩盖事实的行为，苏珊均有负于企业管理者对她的信任。考虑到她多年的满意服务和表现，应该对她降职并让她离开管理岗位，甚至可以考虑解雇她。

总经理汉斯和你也不是没有责任。从法律角度来讲，取决于违规行为的严重性，汉斯也是有责任的，可能他自己也会因重罪感到内疚。你没有实施恰当的环境管理项目，包括举办伦理研讨会对员工进行正式培训，指导他们从环保角度做正确的事。同时，ACME 钢厂的责任在于没有制订由强大环境政策支持的正式的企业环保管理体系。该制造厂可以而且应该，制订扣除为遵守当地环境管理控制绩效所产生的费用的政策。每位员工如果有违规行为，均应受到与责任相应的惩处。有人建议，应该有一位公正的仲裁者来执行上述奖惩措施。

6.1.4　反馈

此困境供激发读者进一步讨论。如果遇到上述困境，在做最终决定之前，应该考虑到许多问题，并进行多种价值观测试。总的来说，当上述困境刊登于 EM 杂志后，读者主张“做正确的事情”，但他们更倾向于采取法律措施，而不是利用道德约束力去解决问题。例如，一名读者做下述评论：

文章中提到的困境与伦理没有一点关系！环境管理者的法律职责是将此事报告给相关机构。作为一名员工，他的职责是请公司律师立即介入此事。生产经理由于故意选择直接排放未经处理的废水，该行为有意违反了清洁水法案，因此她有可能受到刑事处罚。她的这一行为也可能会使公司、环保经理、总经理以及 ACME 钢厂的高层管理人员受到处罚。她最有可能面临的结果是被辞退。

如果事件处理顺利，公司支付一笔罚金，按照判决书要求采取预防措施，并且只有生产经理会被定罪。

此评论是正确的，但是人们往往有个人和家庭职责需要考虑，他们通过对相关人员造成最小伤害，来达到做正确事情的目的。如果生产经理她是一位单身母亲？如果她咨询了律师，被告知有关机构永远无法证明是谁排放的污染？通常情况下，当事实“真相”不符合规范时，采取强硬观点是比较容易的。但是，找到一个对公众伤害最小且结果最好的解决方案，是本书六大支柱性特质的主要内容。

6.2　咨询公司客户未报告或修复土壤污染场地

6.2.1　困境

你是 ACE 环境咨询公司的副总裁兼合伙人。你的一名客户 PIU 公司，委托你公司进行二期环境场地评估（ESA），结果发现在其 10 英亩[⊖]土地的三个地方，存在有毒金属等土壤污染。报告指出地下水受到威胁，建议将该情况报告给相关部门，启动补救方案预防含水层受到污染。另外，就 ACE 公司所知，上述污染可能会威胁含水层的水质。但是，没有进一步调查，不能确定该污染会对公众健康产生不利影响。

该报告同时包含了实施补救的建议。PIU 未回应你公司的建议，紧接着你了解到 PIU 既没有报告污染问题，也没有开始修复。但你提醒项目经理萨拉并让她联系 PIU 公司告知有义务报告上述问题，她被告知不用担心，他们正在处理这一问题，并且当他们决定实施整治方案的时候，会告知 ACE 公司。同时，PIU 公司相关负责人提醒萨拉，在二期评估的采购订单中，包含一个限制公布任何调查结果的条款。

6 个月后这个问题成为关注焦点，另一名客户 CRU 公司，请求你公司对邻近 PIU 工厂的 5 英亩土地，进行一期环境场地评估（ESA）。CRU 有意收购该地块新建一个面包房。你是会提交一个方案，还是考虑到利益冲突，委婉地拒绝此次委托？什么是正确的处理方式？这件事情该怎样处理？

确定污染潜在影响的调查研究会比较昂贵，并可能导致这一情况被公布。过去，这两位客户均委托过 ACE 公司，而且，ACE 公司希望继续获得他们的信任进行长期合作。作为一名高级合伙人，你自然希望在伦理道德界限内，恰当地处理该问题，以维持同这两位客户的合作关系。但是，你能做到吗？更重要

⊖ 1 英亩 =4046.856 平方米。

的是，你应该吗？

6.2.2　讨论

你认为正确的做法是劝阻 CRU 公司使用那块地皮。PIU 公司一定还没有上报你公司的调查结果，也没有证据表明 PIU 公司已对该污染场地进行治理。如果进行匿名举报的话，最终也会追查到 ACE 公司。但是拒绝执行一期评估分析会引起怀疑。

除了法律要求对场地污染进行报告，ACE 公司还承担保护公众健康的重要义务。保守地讲，受污染的含水层用作饮用水的话，会危害人体健康。此外，这种情况也会导致邻近的土地不适用于作为面包房选址。ACE 公司有责任确保相关部门获悉此事，以及尽快启动补救调查。让上述问题持续达 6 个月之久，而未采取恰当措施是 ACE 公司的疏忽。然而，ACE 公司需权衡这项义务与替客户保密的义务。目标是在六种支柱性特质（诚信、责任、尊重、关怀、正义和公平）中找到一种解决上述情形的办法。

通常，职业道德守则中的三项条款适用于上述情况：“避免利益冲突，公开无法避免的事情”“根据合同和相关法律要求，在公开之前，对雇主或者客户的商业信息和技术工艺等进行保密，并根据法律和其他条文的要求提供保密协议”“保持公众健康、安全和福利的重要性，并且依据普遍认可的专业标准和现行法律法规，在职业活动中公开反对滥用公众利益的行为”。环境专家的首要职责是保障公众健康。第三项条款的重要性超越了其他两条。

问题是，你应该如何选择：

- 拒绝 CRU 公司的工作？
- 接受 CRU 公司的工作，但隐瞒 PIU 公司工厂的问题？
- 接受 CRU 公司的工作，并告诉 PIU 公司你将会对 CRU 公司公开这一问题？

6.2.3　建议措施

第一步应召开公司管理层会议。全面审查二期环境场地评估（ESA）的数据，确保它们可信和有说服力。接下来，委派与 PIU 公司关系较好的员工去接洽此事。尽管对于环境报告和清除工作来说，CRU 公司对相邻土地的兴趣是不重要的，但是它可以作为一个推动因素，向 PIU 公司提及该问题。PIU 公司可能由于多种原因没有上报该情况，这些原因包括担心被起诉，缺乏整治资金，甚至是正在同相关机构解决该问题，但没有对公众公开。PIU 公司可能会说污染并不是因为故意避免处理费用造成的，事实上，在公司签订二期环境场地评估合同前，进行尽职调查时就发现了该问题的存在。ACE 公司能够帮助证实这一说法。并应对 PIU 公司提出这一问题给予大量的关怀和尊重。但如果 PIU 公司的管理者没有意识到自查报告的好处，可以建议他们去咨询环境律师。

如果结果理想，PIU 会接受你公司的评估结果，并将其公开。但是，如果他们不接受，在给予他们一定警告后，可以采用适当的法律手段报告发现结果。你的律师依照工作程序须向 PIU 提供一份意向通知书。关于采购订单的违约问题也应得到解决。有可能 PIU 会怀恨在心。在多数情况下，适当考虑后，客户会做出恰当反应。但是，如果他们没有，贵公司应该意识到该客户不想继续合作，并准备好处理意向通知书。再回到刚开始的问题，关于是否应对 CRU 公司提交一份建议报告，ACE 公司了解到竞争的公司不会考虑相邻的地产。因为“保持公众健康、安全和福利的重要性”，ACE 公司有责任确保 CRU 公司知道这一情况。除非 ACE 公司和 PIU 公司的协商完成，否则给 CRE 公司提交建议会产生利益冲突。

拒绝投标而不透露具体原因，这次会是一个适当的回应。一旦上述问题得到解决（也就是说，一旦污染情况被公开），贵公司有义务使 CRU 公司知道这一情形。当然，CRU 公司也会好奇你拒绝投标的原因。可以向客户建议有一些有关邻近土地，对他们提出的操作方案的不利因素，但是你不能故意透露给他们。除非问题解决，否则这会涉及你的道德责任。谨慎地采取法律建议以减轻与 PIU 公司的冲突。让 CRU 公司对购买土地污染一无所知和支付修复费用，对 ACE 公司来说是不道德的。如果贵公司和 CRU 公司在过去的交易中已经建立了一定的信任，你的建议会起到一定的作用。

上述困境有很多引申意义值得讨论。例如，如果 ACE 公司认为有影响到公众健康的情况，需要采取适当措施处理，但仍接受了包含保密条款的合同，这是否不是道德？如果咨询政策确保任何泄漏或污染被报道，是不是应该提前规定？如果咨询标准合同里包含这样的规定，会不会对公司的生意产生负面影响？这些问题均会作为伦理研讨会的刺激性主题。建议你借此困境作为一个平台，定期召开会议讨论这个和工作中出现的类似问题。

6.3 为使不合理的严格标准合法化政府机构员工隐瞒数据

6.3.1 困境

你是国家空气污染防治机构（SAPA）的执行官。SAPA 的董事会刚刚通过一项新的污染物排放标准，这项标准的推出，是基于你单位的首席科学家乔纳森关于暴露和流行病学数据的研究。乔纳森在过去两年中牺牲了许多周末和夜晚，亲自进行了这项研究项目。新标准颁布一个月后，乔纳森的一位心怀不满的下属来找你，并指出乔纳森隐瞒了能证明这项标准没必要这么严格的关键数据。他指出研究分析阶段，乔纳森保持绝对隔离，拒绝任何专业评论。另外，他不尊重其他同事，在研究阶段拒绝他们的参与，认为只有他知道什么对公众健康有益的。

在规则制定阶段征求广大行业的证据后，你意识到标准的颁布会造成严重后果，为整个行业带来巨大费用。当你约谈乔纳森时，他承认了指控，并坦承有些数据是伪造的，但他觉得有理由无视他们，因为，如果有区别的话，新规则的强制实施会使公众得到更好的保护。乔纳森问："是否是行业代表再次抱怨？我厌烦了他们的抱怨。他们所关心的只有钱。但我不会让他们赶走我的"。你会如何处理呢？

6.3.2　讨论

在规则制定过程中，意识到当涉及伦理问题是比较困难的。通常情况下，在环境管理领域，违反职业道德包括危害公众健康和安全的行为，或者一些尝试掩盖违反规定或条例的行为。然而有时候，违规行为可能涉及向对立面偏离的情况。这看起来似乎是不可能的，一个人怎么可以如此诚实、如此有责任心、如此专业呢？当这在联邦一级实际发生时，全国新闻媒体最终知道了这件事情，在经过广泛调查后做了详细报道。

举个例子，比如为了救人而撒谎。假设你站在街上，一个女人从你身边跑过去，她被两个男人追赶。她尖叫着："他们正试图攻击我！"当她飞奔进街角的一幢大楼后。那两个男人跑过来问你："她去哪儿了？"很明显，正确的做法是撒谎。在这种情况下，同情心的重要性已经超过了诚实。这种夸张的情况是用来说明，有时为保护公众健康和安全违反既定的价值观念是可以的。在做正确的事情的过程中，理想的情况是不应该急于决定，而应当花时间去调查所有的事实（比如说，那个女人是不是小偷，而那两个男人是不是追赶她的警察）。有些情况下，一个人必须决定做出多大牺牲去保护公众健康和安全。在制定环保法规的过程中，政府部门必须决定如何安全、严格地实施规定。例如，在空气毒物法规案例中，有可能会导致每百万人中发生 10 位癌症病例作为标准，但为什么不将标准设置为每百万人中发生 5 位或 1 位或 0 位癌症病例呢？由谁来决定？

当一个法规提案可能会使行业关闭城镇的数家工厂，而在这些城镇中，他们是主要的雇主，那么，是否应该考虑到潜在的失业问题？这些法规会不会持久？对人类来说，确保控制环境以保护大多数脆弱的个体是不是最好的？这些问题不会在本书中得到解决。但它们的确有趣，读者在评价这一困境的时候需要涉及这些思考。

首先想到在这里什么是利害攸关的。如果这件事情被公众知道，政府机构的信誉将会受到无法估量的挑战。乔纳森是一位有能力的员工，但在这个案例中，他的自负已经战胜了他的理智和责任感。但他坚定地致力于他的任务，牺牲了许多他自己的时间去实现他认为对保护公众健康来说是必要的事情。

在这种行为中，乔纳森违反了什么伦理观？这种情况涉及职业伦理守则中的三个条款：第一，他没有做到“在我所有的工作职责范围内表现得诚实、客观和尽职尽责”。尽管他可能很勤奋，但是他既不客观也不诚实。也许，他使用的数据是真实的，并且因此他认为很诚实。但是诚实不仅仅是部分真实的，得讲出全部事实。例如，陈述一种药可以治愈一种疾病，但是没有指出其潜在的副作用，这是真实但不是诚实。第二，他也违反了“寻求、接受、提出诚实的专业批评意见，相信他人所做的贡献，对未做过的工作不居功”。他预设了他想要的结果，选择他需要的数据来证明他的假设，拒绝接受相反的数据。这是一种严重违反道德的行为。第三，他违反了“用尊重的态度对待合作者、同事和同伴”。这是不应该被容忍的恶劣行为。对这种行为的纪律处分应该是严厉的。即便乔纳森的目的是为了保护公众，他的行为也是不能被接受的，应该受到处罚。因为在辞退公务员方面有一些复杂，纪律条款可能是有限的。在这种情况下，应该要么鼓励他主动辞职，要么降职，或者在他的档案中加上谴责信。应该认真考虑决定如何对其进行惩罚。作为他的上司，你应该如何处理这种情况？

6.3.3 建议措施

首先，收集所有的数据进行评价。要做到这一点，收集所有提供给首席科学家的数据，委托一个人或者一个小组加快对这些数据进行独立分析。应该对丢弃某些数据后的统计的有效性进行检验，并且对所有能证实乔纳森的结论的统计方案进行检查。重要的是，他不应因心怀不满的下属的举报而受到谴责。即便这位科学家确实承认丢弃了某些数据，他仍坚持这是正确的。给予他适当的尊重，至少在最初的时候。以上应当是正常的程序。如果发现首席科学家的决定是合理的，政府机构便有依据去捍卫自己目前的地位。

但是，如果调查表明正当理由不足，那么，下一步必须采取纠正措施。那么毫不迟疑地尽快做出这一决定是非常重要的。如果这项调查证实排放限值是过于严格，较低的标准较为合理，那么应该立即采取行动。必须改变规章制度来反映没那么严重的排放情况，而且，乔纳森必须受到处分。为了将对政府机构信誉的损害程度降到最低，建议发布一个采用适当排放标准的修订后的规章制度。不要将责任主要归咎于首席科学家，这很重要。事实上，没有证实政府机构的失误是因为他的最初决策造成的。一旦发现错误就必须改正错误。不要考虑个人感受，正确的做法是在不贬低首席科学家的前提下了结此事，但是这并不意味着乔纳森不会受到纪律处分。

6.4　公司不得不公开竞争者的缺陷而不说坏话

6.4.1　困境

你是一名效力于 ACME 制造公司的环境咨询师，这家公司是在执行由国家机构颁布的同意令（同意令是法院针对违反环境法的公司做出判决的一部分文件）要求的某项目的主要制造企业。你执行的这个项目决定 ACME 公司是否必须安装排放控制设备，采用最佳可行控制技术（BACT），耗资约 100 万美元。在做计划方案的过程中查阅可用信息时，你查看了 AAA 公司环境公司的报告，该公司是 ACME 公司一直合作的资源测试公司。你发现 AAA 公司的测试流程基本不符合环保署（EPA）的测试协议。你先前听说过 AAA 公司，认为它是以低成本著称，但质量并不是最好的。但是，AAA 公司的领导人是一名前政府部门资源测试人员，具有多年工作经验，被政府部门尊重。另外，你注意到政府部门已经接受了 AAA 公司的季度测试报告，4 年多未做任何评论，尽管实际情况是 AAA 公司的报告中提出的方案与 EPA 的要求并不符合。ACME 公司的环境工作者没有丰富的测试经验，他们对 AAA 公司的表现和价格都很满意。由于这个原因，你委托高级测试公司进行同意令项目的资源测试，并且猜测高级测试公司的结果将会与 AAA 公司有本质上的不同。

当你将高级测试公司的方案提交给政府部门时，政府部门的测试工程师拒绝了这项方案，因为它与 AAA 公司的不同。很明显，政府部门的工程师从未费心去比较 AAA 公司方案与 EPA 要求的差距。当 ACME 公司的员工获悉了这一结果后，他们开始担心你对高级测试公司的选择是错误的，并且自然而然地开始怀疑你的工作能力。毕竟，AAA 公司的工作已经被政府部门接受一段时间了。你考虑到谈及 AAA 公司的不足之处会涉及伦理问题。但是为了捍卫你对高级测试公司的选择，谈及竞争者 AAA 公司的不足之处看起来是必需的。

6.4.2　讨论

这个案例中存在的问题是，你不知道 AAA 公司和高级测试公司的结果会不会有明显不同。假设，关于遵守协议方面是正确的（比如 AAA 公司的流程与 EPA 协议完全不符合），那么你就面临说服 ACME 和政府部门关于选择高级测试公司是正确的问题。很明显，AAA 公司的市场技巧超出了它的技术实力。该公司已经与相关各方建立了长期的合作关系，并且迄今为止各方均未找出对 AAA 公司的表现不满意的任何理由。然而，由于同意令中要求了控制设备的潜在花费，严格按照 EPA 协议并且能胜任执行测试就是十分重要的事。另外，EPA 很有可能会监督 BACT 事务。如果你不信任 AAA 公司做的这项测试，从竞争的角度考虑选择另一家公司，在道德上是合理的。在本例中，假设你基于某种角度选择了高级测试公司（或者你可以清晰地从技术方面证明选择正确）。

6.4.3 建议措施

第一件事情是直接将 EPA 协议的要求与 AAA 公司的测试程序做比对，以彻底证明 AAA 公司的程序不符合协议要求。由 EPA 工作人员对协议要求的列表进行审查，确保其完整性以及每个步骤必不可少，尤其是 AAA 公司忽略的或者是偏离的那些步骤，这将是非常明智的。为此目的，避免把 ACME 和 AAA 公司看成一样的。

紧接着对 ACME 公司做个介绍，邀请该公司的高层领导参加。说明由于联邦政府在 BACT 方面的要求，国家会对这一项目进行认真审查，由 EPA 进行监管。并提出政府部门不熟悉 EPA 协议，没有审查出 ACME 公司之前的测试报告与 EPA 协议不相符的地方。其次，说明在竞争的基础上，你选择了高级测试公司，以获得一个客观的、有说服力的数据集，依据此数据集可以用来评估是否满足 BACT 的要求。最后，承认过去 AAA 公司做得很好，并且自从它有了政府部门的批准，它有充分的理由继续使用 AAA 公司。然而，现在由于执行同意令，ACME 公司已经处于焦点之中。从现在开始，一切都必须依据 EPA 协议。然后解释，如何向政府部门提交你的比对资料，使其接受符合 EPA 协议的测试流程。

总之，避免负面地提及 AAA 公司。采取积极的解决方法，也就是说由于 ACME 公司目前处境的敏感性，你最好采用可行的最佳资源。对其也采取同样的解决方法，在政府机构安排一场正式演讲。将高级测试公司的程序与 EPA 要求做比对，但不要将 AAA 的程序与 EPA 要求做任何比较。不要提及政府机构先前对该方案的拒绝，假设该决定是由一位初级工程师完成的，他或她不会说出来，并且现在相信你是对的。你应该在不提及先前拒绝的基础上，清晰地表达自己的意思。如果政府机构的人提到了 AAA 公司先前的报告，并指出使用了另外一套方案，你只需简单回应他（她）该问题应该与 AAA 公司进行讨论。关于 BACT 抉择 AAA 公司的数据是否或多或少有利是无关紧要的。

上述解决方式可以满足对一个人的诚信、责任、尊重和关怀的考验。也符合 A&WMA 的伦理准则第 12 条："寻求、接受和提供诚信的专业批评，适当信任别人的贡献，从不居功自己没有做过的工作"。在直接对上述情况的处理工作中，你的诚实会为你赢得客户的尊重和政府机构的希望。不讲 AAA 公司的坏话，可展示关心和尊重的胸怀。你确实不理解 AAA 公司资源测试方案的基础。很明显，AAA 公司了解政府机构会接受什么，并以最具成本效益的方式服务于它的客户（也就是 ACME 公司）。如果由于你的行为，将来政府机构会仔细查看 AAA 公司的工作，那么你将会间接对公众健康产生有利影响，这是作为一名环境专业人士的首要责任。另外，政府机构也很可能在接受新的测试流程之后仍不怀疑之前的工作。但是由于你打开了 ACME 公司的思路，应该获得其尊重。最终，需要承受发现 AAA 公司方案失败造成的环境破坏的冲击。

最后，你有可能不得不面对 AAA 公司的经理。此时，你应该使用外交手段。尝试客观地仔细检查不合规地方的列表。有时候说一些诸如你很忙或要与 EPA 方案变化同步等借口来拖延。希望 AAA 公司以此为鉴，把它作为一个提升公司政策的机会。

6.5　招聘人员想要你带来你的客户和主要员工

6.5.1　困境

你是一家大型知名的环境咨询公司 RES 公司的区域经理。你在 RES 公司工作了 11 年，在此期间拓展了该公司在大休斯敦地区的业务。在你的领导下，RES 公司在该地区极度成功。与此同时，你的上司看到你的价值，增加了你的工资、福利以及其他津贴。你的生活水平稳步提高，并且享受着差旅费和其他费用报销的好处。

然而，当某天你去巴尔的摩参加一个全国性的行业展会，展示你们公司的实力时，你们公司的一个小的竞争者——全球环境管理（GEM）公司的人接近你，并向你提供了成为他们公司的业务副总裁的机会，他们不仅确保你的薪水会增加 50%，并且如果公司达到其盈利目标的话，你的收入还将有可能翻倍。GEM 公司明确表示希望你能把过去多年中你在 RES 的客户资源、技术和管理的培训项目以及主要员工带过来。他们想要你尽快过来，给你提供一份为期两年的就业协议，甚至拿出履约保证金来保证该协议的生效。此外，GEM 公司还提供安家费用，包括房屋购置费以及其他杂费。

收入的增加对你的家庭来说是一件好事，因为近年来你家的社会地位和经济需求在不断增长，尤其是孩子接近上大学的年龄。你该对此做何回应？

6.5.2　讨论

很明显，这个机会不仅对你自己是一个提高，而且你的事业借此会得到显著提高。你会在 GEM 公司改变主意之前当场接受它吗？或者立即拒绝，感谢该公司欣赏你？又或者都不是。如匆忙做出决定，就反映了你内在自私的本能。你需要时间去仔细思考这件事情。显然，GEM 公司已经对你做了详细调查。作为其在商业上的一名竞争对手，GEM 公司已经确定了你对提高其商业目标的价值，并且希望在你冷静下来做其他考虑之前，尽快得到你的承诺。但是，你需要时间冷静思考，确保做出了正确的决定。你应该首先感谢 GEM 公司提供了一个如此具有吸引力的机会，紧接着请其多给一些时间做决定，公司会理解的。如果他们不能理解，你应该怀疑该机会。

6.5.3 建议措施

所涉及的利益相关人员包括：你自己（包括你的职业发展和声望）、你的家庭、你现在的雇主（也就是 RES 公司）和 GEM 公司。首先，与你的家人商量，新职位在另一个城市，假定它离你现在居住的地方很远。那么接受新职位对你的家庭来说，意味着什么？在做决定是要考虑到的一个重要的伦理问题是关怀。你配偶的工作该如何解决，在当前居住地，你家庭与周围亲戚朋友的联系密切。例如，要考虑年长的父母和近亲。你的孩子可能不愿意离开他们的学校和朋友。以一种委婉的方式告诉你的家庭，首先告诉你的配偶。如果事情进展顺利，你的配偶同意搬迁。再征求孩子们的意见，询问他们是否愿意去新的城市生活。使这件事情更像是关于下一次家庭旅行目的地的讨论，避免给家人带来负担。在做决定之前你要考虑到很多因素，但是如果前期同家人的讨论工作是循序渐进的，会减少麻烦。当你要搬走的决定更坚定时，你可以采取一些更明确的办法。

另一个问题是你与家人在一起的时间，一名高级管理人员的工作时间不是朝九晚五的。新的工作意味着更多的出差，花更多的时间在外应酬，以及花更多的时间在办公室做管理、策划和营销。举个例子说，如果做孩子的运动教练优于生活中的其他事情，你得确保你可以接受 GEM 公司的职位所带来的额外负担。这份工作对你来说可能是一个很好的机会，但同时你应该尊重家人的意见，允许他们在做决定时表达自己的意见。

假定你和家人的讨论进行得很顺利，你该怎样告诉你现在的雇主？对现有公司负有什么责任？GEM 公司希望你把在现有公司的客户资源、技术和管理的培训项目以及主要员工带过去。尽管这是一个普通的请求，但它确实涉及诚信问题。作为 RES 公司的一名忠实员工，道德上它的智力成果你可以带走多少？这个问题不仅仅涉及道德问题，建议你咨询律师。带走专有设计、计算机模型和其他软件可能是违法的。尽管你知道你在 RES 公司开发的内部使用的如何建立管理和技术培训项目是不同的，该项目被认为是个人产权，你有权带走并使用。但律师可能不会同意你这么做。

美国国家专业工程师协会（NSPE）的道德规范指出："仅涉及雇主工作的工程师的设计、数据、记录和笔记是雇主的产权。雇主如未按原先目的使用这些信息，应对工程师做出赔偿。”这些设计、数据和记录的环境替代品可以是专有的硬件或者软件。

客户信息（即以前客户和同事的姓名和联系方式）是你的财产。你了解你的客户，并且如果他们信任你，他们会在今后选择与你一起工作。例如，当一个销售员离开一家公司，加入另外一家，他之前的联系人也会随之而去。但是，你之前为 RES 公司谈成的所有合同必须留在该公司。劝服客户取消已经与 RES 公司签订的合同，并将其转到 GEM 公司以便于你可以对其进行管理，这种做法是不道德的。上述做法类似于偷一件值钱的财物一样不道德。

至于带走关键员工这条，你积极为 GEM 公司招聘你原来的下属或者同事是不太合适的。然而，如果这些人会在你离开 RES 公司后，考虑 GEM 公司的雇佣并主动接近你，此时你依据他们的能力在 GEM 公司为他们提供一个职位就是合理的。在你下决定离开之前，与 RES 公司员工做任何关于 GEM 公司的讨论都是不负责的、不公平的、无礼的，并且是不明智的。再强调一次，参考 NSPE 的道德规范，最恰当的指导方针是：“①在没有得到各方同意的情况下，工程师（或工程公司）不应该提供或安排同一个具体项目相关的新的就业或实习机会，并且（受聘用的）工程师已经具备了特定的专业知识（假设这些知识是由服务于另一家公司获得的）”“②工程师（或工程公司）不应该试图通过错误的或者误导性的借口吸引另一名雇主的工程师。”该规范第一条指出，在你没有与 RES 公司解除雇佣关系之前，GEM 公司为你提供一个机会是不道德的。虽然这种做法在行业中是常见的，但是多数管理者仍认为不该阻碍员工的晋升之路是非常重要的，即便是以失去该员工为代价。相反，应该鼓励管理者提升有才能的员工，使这些人愿意留在公司。

另一项值得考虑的问题是雇佣或“非竞争”条款。许多咨询公司通过让员工签署禁止为其竞争者工作的协议来保护自己。这通常包含在员工进入新公司后签订的普通协议里。在接受 GEM 公司提供的机会之前，你应该去 RES 公司的人力资源部门核对你所签订的任何协议。另外，当心 GEM 公司的雇佣协议，确保它是可以接受的。如果你和家人可以接受 GEM 公司的机会，并且你准备离开 RES 公司，那么是时候将你的打算告知你的雇主，确保你顺利离开，因为你的合同可能会被突然终止。如果你之前与 RES 公司的关系很好，那么你的告知可能会引起他们的失望。在告知的过程中，保持尊重、诚实和关怀的态度是很重要的。解释你做出这个决定是多么困难，以及你在 RES 公司工作时是多么开心。并且解释当机会来临时，你必须抓住它。提出两家公司在今后可以共同合作一些项目，并谈论这些工作该如何进行。但最重要的是，要做好准备会得到愤怒的回应。当愤怒来临的时候，最好的方式是原谅自己，并理解你确实伤害了你雇主的自尊。

RES 公司可能会给你提供更高的待遇。此时你应该做同样的考虑。并请谨记，如果你决定留下来，你必须忘记这件事情。另外，公司一些高层管理人员可能会认为你利用 GEM 公司的机会来索取升迁和待遇的提高。因此，建议将你的顾虑陈述给 RES 公司的管理人员。

在一个理想的道德世界里，GEM 公司的总裁应该在征得 RES 公司总裁同意的前提下，为你提供一个工作机会。但事实是，当你面对一个有道德争议的改变工作的机会时，一定要考虑并遵循以下五条价值观：诚信、尊重、责任、公正和公平、关怀。

6.5.4 反馈

上述讨论公开后，收到了以下评论：

今天早上我读到了这篇关于管理人员招聘的文章，喜欢这篇文章和发现其非常有趣。我赞同你在离开公司时带走员工和文件，虽然在多数情况下是不道德的。但是仍旧感到惊讶，当看到你说在一个理想的世界里，一家公司会在为另一家公司的员工提供一个工作机会前，征得其目前所在公司的同意。哪家公司会同意这种请求？哪家公司会去征求？商业很残酷，我真的无法想象这种情况会真实发生在现实世界里。

在这个时代里，公司随便裁员，迫使员工提早退休，年年获利但却给员工最少的加薪，这种情况下我也很难做到忠诚。我 36 岁，在职业生涯中仍显年轻，但老实说，如果能在一家公司工作 5 年时间，我会感到很幸运。除了兼并、破产、收购、重组等，公司高层管理人员心目中的最后一件事情就是我的幸福。我坚定地相信我必须自己照顾自己，因为没有人会考虑。在我这个年龄段和职业发展阶段的人们将跳槽到另一家公司视为职业前进的唯一道路。我厌恶玩世不恭，希望你告诉我这是错的。但如果我获得一个对我的家人和事业有利的工作机会，我会毫无罪恶感地离开现有的公司。当然，我会给予现在的公司恰当的通知，谨慎决定应该带走什么，但我仍旧会离开。可能现在公司的管理人员会感激我的贡献，但底线是我仍旧是大公司的一名小员工，一个小的商业举动有可能会使我失掉工作机会。

跳槽的职业道德是考虑到所有的利益相关者。如果你已婚，并且育有子女，在没有事先咨询家人的情况下仓促决定搬迁是残酷的。当前社会许多公司似乎都把员工当商品来看，但一名有道德的雇主绝不会如此对待员工的。一名无法得到提拔的优秀员工，在收到另一家公司的邀请后，会得到现在雇主的鼓励和祝福。另外，一名主管如果没有意识到好员工在公司内部的成长需求，会很快失去他们的。

另一位读者，一名国家咨询公司的总裁，发来了如下回应：

我们一直认为“主仆”关系的习惯法适用于我们的员工。我们认为，当员工更换工作时，他或她不该做伤害前雇主的事情。在市场营销领域，这通常意味着18个月内该员工不该与前雇主的员工取得联系。此外，你的新雇主是否是因为你的商业专著或者你的才能想雇佣你，这是个值得考虑的问题。遗憾的是，许多企业只看到商业专著，而不是个体发展它的内在技能。因此，在更换工作之前，了解新的雇主是否可以为取得成果提供更大的机会是一项明智的举措。

笔者不知道这项关于18个月内不联系前雇主员工的习惯法。我们接受它，将它作为一个做正确事情的合理的指导方针。我们只是想知道为什么没有道德守则包含它。但是这名总裁关于“了解新雇主是否拥有可以提供更大机会的能力”的建议是合理的。

随后，同一名总裁关于主管招聘做了评论，大体如下：

环保行业目前正在经历大量的“掠夺性”员工招聘，所以这些关于主管招聘的道德问题的讨论是非常及时的。我的评论涉及法律，如何更换工作，或许更重要的是，定义职业目标应该优于考虑一个工作机会。

最重要的一点是美国的州法律对雇主-雇员关系的管理。接近10～15个州力求写出解决这一关系的具体法律，但是大多数州仍依赖旧的习惯法和所谓的主仆关系。在这一概念的指导下，一名仆人如果选择为新的主人工作，不能做故意伤害前主人的事情。换句话说，一名员工可以自由选择去为新的雇主工作，但他或她不许带走在前雇主公司工作期间所开发的任何东西，包括计算机程序、客户名单、员工名单和商业秘密（商业秘密可能与如何出价投标或者如何更经济地实现预期的工程结果有关）。这是当今普遍的保密和非竞争协议的基础。

6.6 政府官员提供资金帮助，寻求创业合作伙伴

6.6.1 困境

你是正交研究公司（ORC公司）的负责人，该公司通过竞争，已成为由联邦政府提供给小企业的小型研究活动的承担者。ORC公司与政府签订的合同是，开发研究一款仪器，它可以测量一种化学物质的低浓度，已知该物质在高浓度时具有致命作用，并且当其浓度低于现有的检测水平时，对人体健康有一定的影响。合同规定，初始阶段结束时，贵公司要建立一款实验室规模的仪器，并具有商业开发的潜力。紧接着提交一份开发原型设备的建议。你联系了你的合同监管员罗利，请他在申请这项技术的专利方面为你提供一些指导。罗利告知你他将亲自现场视察你的工厂，并讨论后续工作。在实验室展示和示范阶段，罗利对这款仪器表现出了极大兴趣。示范结束后，你们到你办公室继续讨论。

罗利赞扬了你的成绩，但他提出仍旧欠缺一些经验。他建议你合并公司，他成为你的一名持有三分之一股份的合作伙伴。他会帮助你获取将该仪器推广至市场的资金，并且最小化对政府的义务。他的话使你感到震惊，你谨慎回答说："我需要一些时间考虑。"他回答说："可以，这次谈话从未发生过。如果谈话的内容被泄露出去，你的项目将会被终止。我警告你，最好在后续议案到期前决定。"你该如何处理？

6.6.2 讨论

环保会议期间举办的营销环保技术的讨论会引发了上述困境。问题难以解决，建议读者认真考虑。

很明显，这是勒索。类似于一个店主被一个流氓提供保护的情形。让你震惊的是，这项议案可能会成就你的公司，也可能会摧毁它。一方面，如果罗利上交负面报告，建议在后续合同中停止继续资助你的公司，那么迄今为止你的所有工作可能会大打折扣。另一方面，如果他在背后支持你的公司，并对你的工作给予很高的评价，你的公司可以确保成功。但是，从道德和伦理的角度来看，后一种方式明显是错误的。因此，一个人该如何用最小的伤害做正确的事情？当你的直觉告诉你，当前状况下会有一些令人不安的事情发生，你需要时间仔细考虑，并寻求帮助。与同事，值得信赖的朋友或者是独立顾问讨论这种情况。如下讨论所述，考虑到所有涉及的问题会帮助你获取正确的解决方法。

6.6.3 建议措施

罗利离去之后，立即在内部日志或者备忘录上记录所发生的事情。记录内容包括所有的时间和地点，并询问你的员工以获取更多细节。如果有人回忆起罗利在你的办公室（也就是谈话发生的地点），那么记下他或者她对事件的回忆。确定谈话内容是否有可能已被偷听。在询问过程中保持谨慎，不要暗示任何讨论过的话题。这份文件应提供尽可能详细的口头交流的记录。将它保存在你公司的文件中。几天后，去找罗利并向他坦白，你认为他的提案是不诚实的。坦诚地说："如果你在我的公司拥有股份被发现会发生什么事情？你会被发现有利益冲突，这一冲突会危及到我们两个。我们将会在基于实验室的概念方面承担巨大风险，这一概念已被证明超出实验室的范畴。"在这次讨论中，表现出对官方的尊重。呼吁他的责任感："我相信在你的位置上，你一定想避免任何不正当的举措。请再仔细考虑这件事情，如果这件事情被发现，你在政府的工作将会遇到危机。"将讨论的重点放在罗利身上，请勿提及 ORC 公司。

你可以说，"我彻夜难眠。我的良心不允许我去做这件事。我知道如果你也充分思考了这个想法的话，你也会得出同样的结论。"如果你成功激发了罗利的良心就不会陷入困境，并且他将继续在你的公司成为一个重要的伙伴。是时候采取进一步的措施了。首先你要审查关于专利的经费协议。你需要与经费机构取得联系以便推动一项专利的申请。你可能在过去一些开发的项目中了解到，在申请经费之前，赋予一项发明以专利的概念是明智的。大部分的资助项目，如联邦小企业创新研究（SBIR）项目、鼓舞人心的专利和 ORC，在商场上有权利使用专利技术。

在这个问题上，咨询专利律师将更为慎重，向律师说明情况并且提供给他一份谈话记录（包括罗利来访的记录）。然后按照律师的指示去做。在这个案例中，如果你不想联系律师的话，建议你采取以下措施：与经费机构的专利部门取得联系并且让其员工知道你打算提交一份申请。很可能，你提交的正式报告记录了实验室规模仪器的成功。要求指导并且确定你是否可以将申请直接提交给专利局。确定专利局中合同监管人的角色将是一个明智之举。在 SBIR 项目中，技术合同监管人员与专利过程很可能没有关系。因为它独立于 SBIR 部门。这对于其他资助项目或其他司法部门可能并不成立，但是它对于你通过合同监管人来充分理解你的权利将是很重要的。在与专利员交流的过程中，如果可能的话，避免提到监管人员的名字。关于合同，如果你需要了解情况，你可以直接与合同部门人员联系。与合同部门人员保持联系并且将罗利排除在外。如果提到了罗利的名字，并不表明任何不诚实的行为。如果一个机会出现了，你需要询问合同是否将会有同样的监管人员。如果被质疑，说明在一些技术问题上意见相左并且另一个监管人员可能更合适。如果机会失去的话，就没有理由使这个问题逐步扩大。如果 ORC 公司在这个事情上的看法导致官方人员有其他想法并且放弃，那么应该立即停止。

另一方面，如果罗利继续抓着这个问题，你可以采取上述提到的措施，提醒他你已经准备好将这件事升级。你可以表明你已经记录了这件事、咨询了律师并且如果有必要的话将会采取法律措施。确保官方不会对其他值得信赖的公司做同样的事情是你的公民责任。

6.7　一家公司企图通过曝光另一家公司的超标问题来保护公众健康

6.7.1　困境

你是 A-Chem 化工厂的环保部经理，该工厂位于居民区和工业区混合的区域。临近 A-Chem 化工厂的是一家 B-Oil 石油提炼厂。临近这两家工厂的是一个居民区。由于这两家工厂多年来一直互相采购大量的物资和服务，因此你对 B-

Oil 工厂是相当了解的。A-Chem 化工厂使用的大部分气体燃料是由 B-Oil 石油提炼厂提供的。B-Oil 工厂提炼的气体燃料中，自己消耗 80%，剩余的 20% 卖给 A-Chem 化工厂。

某个周日早晨的 5 点钟，B-Oil 工厂出现故障，导致氨气的超标泄露。炼油厂立即检测到明显的气味。A-Chem 化工厂的操作员也注意到了这一气味。尽管不断呼叫 B-Oil 工厂，A-Chem 化工厂的操作员仍不能获知问题严重程度的任何信息。清晨 6 点钟，B-Oil 工厂的管理层向你的公司和邻近的住宅区发出“避难所”的警告。你在家接到上述通知，并打电话给你的操作经理，建议他将购买的 B-Oil 工厂的气体燃料更换为管道天然气。另外，基于你的了解，过量的氨水平可能已经存在气体燃料中，并提议向国家应急中心的氨和氮氧化物部门提交一份预防性的气体泄漏通知的报告。另外，你提议对 B-Oil 的气体燃料进行采样，用于氨的分析。

当天晚些时候，你接到通知，分析结果表明尽管气体燃料中的氮化合物的水平比平常高，但并没有超过任何氮化合物的报告水平。根据你对 B-Oil 工厂的了解，你的专家的认为 B-Oil 至少有一项超标，甚至有可能是几项。事实上，你强烈怀疑附近住宅区的短期健康暴露水平已经超标了。然而，第二天关于该事件的新闻报道中，B-Oil 工厂的发言人肯定地说高水平的暴露仅发生在 B-Oil 工厂内部，附近住宅区没有超过报告标准。你的第一反应是你是否有法律义务来纠正这一错误信息。你的律师向你保证，你并没有这项义务。你的道德困境是是否该纠正 B-Oil 工厂给出的错误信息。作为一名负有保护人类健康和环境的义务的环境专业人士，在这一事件中你的个人和职业责任是什么?

6.7.2 讨论

显然，这一事件中的关键伦理价值是责任。如果你认为该事件致使公众处于危险之中，那么你必须立即通知有关当局。然而，重要的是不要损害 B-Oil 工厂的声誉，并不要将其牵涉进可能的重案中，除非你确信这一令人震惊的情况确实存在。你用你的测试数据来推测可能存在的 B-Oil 工厂的氨泄漏，因此，在这起事件中你必须对所有利益攸关方保持诚实。

首先，你需要说服 A-Chem 公司的管理层，他们有通知公众的道德责任。贵公司律师关于 A-Chem 化工厂没有通知公众不构成犯罪的回答是正确的。但是，如果炼油厂的故障导致附近居民生病，并且法院最终确定贵公司有理由警告附近居民，那么 A-Chem 化工厂会同 B-Oil 工厂一起在人身伤害诉讼案中被提及。其次，确定 B-Oil 工厂是否超过报告的排放量是必要的。你必须说服 A-Chem 化工厂的管理人员同其在 B-Oil 工厂联系最密切的工作人员举行一次会议，并在会上提出你的假设，公开你的数据。同时应该要求 B-Oil 工厂公开其之前的公开声明的依据。尽管作为一名环境专业人士，你此举的动机是保护公众健康，但公司上层有可能并不赞同。许多公司管理人员都希望自己的公司能够成为好邻居。即便做不到这点，他们也不想卷进由邻近公司引发的诉讼案中。

6.7.3　建议措施

在这个问题上，你要准备好强烈建议（不是威胁），如果隐瞒事实真相，最轻的是报纸上的坏消息，但是也有可能是大的处罚。有可能你的假设是错误的（诚心希望这是真的），B-Oil 工厂有可信证据表明故障没有引起氨泄漏的超标。如果这是真的，你必须准备好向这件事情牵涉到的每个人道歉，并且向他们解释你的道德信条不允许你放过任何对当地社区有潜在威胁的事情。进一步解释你多么欣慰地知道自己错了。如果迄今为止，你仍对贵公司的管理阶层保持尊重，那么这一潜在问题的威胁将不会成为你职业生涯的污点。相反，由于你为了做正确的事情而冒险，你的尊重和诚实会加深他们对你的印象。如果上述完美的场面没有发生，在备忘录中记下你经办的事务并将其上交你的顶头上司。然后开始寻找另一份工作。如果故障没有导致公众健康问题，那么对你来说，尝试公开 B-Oil 工厂的错误信息的行为是轻率的。B-Oil 工厂炼油厂的管理层成员不得不忍受良心的折磨。但是如果故障导致发生严重的疾病就另当别论了。

作为一名环境专业人士，保护公众健康是你的首要任务，但是特定情况下它会受到当时环境的影响。但是当你被告知不具有法律义务时，逃避仅仅只会引起严重的道德冲突。

6.8　委托律师指示你忽略额外的反面发现

6.8.1　困境

你是通用环境（APE）公司的一名专门从事风险评估的首席工程师，该公司是一家国家咨询公司，在全美有 27 个办事处。APE 公司之所以能被大家记住，是由于一家著名的律师事务所，这一事务所的名字叫 Win-or-Else（WOE），该事务所的一名委托人起诉一家炼油厂诱发他患癌症。由于你在石油化学领域，尤其是有毒污染物排放方面的经验和知识，WOE 事务所指定你担任项目经理。你的健康风险排查工作包括审查同行评审期刊发表的炼油厂进展信息，以及分析来自美国环境保护署和其他方面的排放系数的数据，基于这些，你建立一个排放量估算与健康风险评估的相关模型。为了对暴露评估提供更多证据，你连续 5 天监测炼油厂和委托人居住地的周围空气变化。

基于在炼油厂附近有一个监测站的当地空气区提供的估计排放量和气象学

数据，你计算出癌症风险是一百万人中有26人会患癌症，远高于新能源的允许风险。另一方面，空气监测数据显示有毒污染物的水平等于或小于检测极限，这比你的风险模型在相应位置预测的水平低两个数量级。当风直接从炼油厂向居民家里或者炼油厂的栅栏线吹时，你重复进行环境监测，并确定炼油厂最近没有发生停电。令你满意的是空气测量结果是可靠的，因此你将数据提交给委托人的律师，也就是WOE事务所的克林特律师。

在经过一段时间的大量的询问和整理思路后，克林特指示你准备一份研究结果的综合报告，该结果是你用排放因子和模型进行研究发现的。然而，克林特同时要求你忽视周围空气监测结果，并不能将其透露给其他任何人。他的理由是：①通常情况下，在决定新能源是否被允许的时候，排放因子数据被认为是用作计算健康风险的排放量的保守估计，因此它可以作为这起案件的充分证据。②健康风险评估模型是基于长期暴露的污染物，并且WOE的委托人已经在此住宅区居住了30多年，但是周围空气监测数据仅仅是一个短期监测（仅监测了5天时间），因此这将会混淆问题。监测数据已经显示了更多的有毒污染物的暴露，克林特可能会考虑公布它们。

你问克林特是否会传唤你出庭作证，并且如果被问及你有没有做额外的工作来确定排放量时，你该怎么回答？你被告知不要担心，WOE事务所会阻止你出庭作证的。这种情况下，你该如何处理？

6.8.2　讨论

当为支持诉讼行为进行研究并提供数据时，环境专业人员可能会被迫与不太客观的委托人一起工作。诉讼是一个共赢的结果。事实上，当研究结果不能支持委托人和律师的目标时，客观研究可能会妥协。本节所述困境探讨的是当环境专业人士的研究结果不能为委托人律师提供支持时，该如何解决。

尽管你的良知会使你感到困扰（事实确实如此），在决定如何处理这个问题之前，你仍需仔细考虑它。WOE事务所聘请APE公司做明确的工作。因此，只要该事务所能遵照合同并支付你薪水，他们就对你的研究结果享有所有权并且可以废止它。完成健康风险评估报告，你便完成了对委托人的义务。问题是，在这起案件中，正义和公平的伦理是否规定你有责任保护研究结果，以及这项义务是否可以胜过你对委托人的忠诚？

作为一个有责任心的人，一名环境专业人士，只有一件事情优于你的家庭和事业，那就是威胁公众健康的事情。但是这里不涉及公众健康问题。如果有的话，你的数据似乎表明健康风险低于关注水平。这里不涉及家庭或者事业的问题，假设你继续对研究结果做完整记录，同时也不采取任何可能激怒WOE事务所或APE公司的鲁莽行为。那么问题就转化为没有按照合同履行义务。当支持诉讼行为时，必须明确原告和被告双方处于明显的对立状态。双方应该在道德允许的范围内赢得官司，并且双方均没有义务去帮助另一方。

当实践中出现道德问题，在做出反应之前应认真考虑。正常情况下，你可能会向主管、同事或者朋友咨询他们关于此事的看法。但是在这个案件中，你应致力于维护研究结果的机密性，仅将其透露给委托人和 WOE 事务所。这种情况下，你不能在将研究结果提交给 WOE 事务所之前，与 APE 公司的管理层讨论它。当 WOE 事务所指示你废止周围空气监测数据时，不必感到惊讶。当归档这类敏感数据时，确保警示该文件的机密性，它是 WOE 的财产，并且只能由该事务所查阅。

6.8.3　建议措施

按照克林特律师的指示操作。如果在这起案件中，你被传唤出庭作证，不能撒谎。但是你的证词仅限于模型结果或者是限制到任何克林特指示你隐瞒的地方。在法律证词里，证人仅需对他或者她被问到的问题作证。如果审查员问你是否计算过风险，答案是“是”。如果被问及是如何计算的，你对其进行解释。如果被问及你是否有采用其他方式计算风险，克林特指示你不要作答，你如实回复法庭。如果法庭命令你回答，律师反对无效，那么你必须如实作答。如果审查员不知道测试结果，没有问及它们，那么在这起案件中不对没有向法庭揭示这一信息负有道德责任。由于专家证人可能会在交叉询问中出现失误，律师通常会提前与专家证人排练证词，这是一个明智的方法。此外，如果对方律师提出了让你不舒服的问题，你的律师应该足够机智去干预和反对。

也有可能你会因为废止周围空气监测数据牵涉进某种类型的欺骗中。这不是不揭露威胁公众健康的事情的问题，模型研究结果是更威胁的迹象。

了解委托人的目标，一起努力实现这一目标是非常重要的。通常情况下，律师的工作重点会与环境专业人士有所不同，这起案件中即便遵照委托人律师的指示废止数据，也不涉及道德问题。

6.9　委托人-律师保密特权的失效只发生在对个人产生迫在眉睫的危害时

6.9.1　困境

你是一名环境专业人士，正在执行产权转移的一期环境现场评估（ESA），该地皮属于一家旧的钢铁生产厂，该工厂已在 40 年前关停。你通过第三方契约为双方执行公正的一期环境现场评估（ESA）。到目前为止，你没有发现前钢铁厂有关于环境影响的任何记录，除了它占了那块地。在工厂关闭时，没有任何规定要求控制环境和保存相关记录。一期环境现场评估（ESA）不涉及任何测试（比如土壤采样等）。你具有处理钢铁制造厂涉及综合环境反应、赔偿和责任法案（CERCLA），以及资源保护和回收法（RCRA）相关问题的经验，坚定地认为这块地皮已经收到污染。你在一期环境现场评估（ESA）报告中陈述了你的观点。第三方契约明天就要截止了，这时卖方律师打电话给你，请求你弱化报告中的语言，并删除与前钢铁厂有关的历史问题的所有内容。他是你公司的常客。你该怎么处理？

6.9.2 讨论

在这个案例中，要考虑到环保律师和其他环境专业人士的道德区别。这并不意味着要谴责环境律师，或者是任何与此事相关的律师，而是要更好地了解他们的职业责任和理念。

关于道德和法律，几年前在圣地亚哥律师协会的网站上有以下启发性的讨论：

问：在刑事诉讼程序中律师代表着委托人。在律师和委托人在律师办公室的一次会面中，律师告诉委托人被告已经同意与检方合作，并为其提供暗示委托人有罪的信息。听到这个消息后，委托人非常愤怒，他打开公文包拿出手枪，告诉律师说："我已经受够了那个败类。我知道如何使用手枪，我要一劳永逸地解决他。"然后委托人离开了。根据律师对这名委托人的了解，认为他打算严重伤害或者杀死被告。律师可以公开委托人的目的吗？或者警告当局和被告人明显危险的存在？

答：尽管此案例中这名律师面临明显的道德困境，但是加利福尼亚法律（见商业和专业法案的第6068（E）部分）禁止律师公开私下从委托人那里获得的任何信息。其他司法管辖区没有普通法义务或者已经颁布的职业操守暗示允许甚至有限的信息披露。

这个案例公布后，收到了一些热心读者的反馈。一名洛杉矶地区的律师写道："对于这个案例，我持有不同意见。我想到一种情形，犯罪的委托人告诉律师他正在去伤害警察、地方检察官、法官甚至是总统的路上。我认为在这种情况下委托人的律师继续保密是不可能的。"这名律师继续研究这个话题，发现在2004年，加利福尼亚法律修改了加州商业和职业法案，允许律师透露迫在眉睫的人身伤害，并免除其责任。2004年6月1日颁布的商业和专业法案的第6068（E）部分现为：

（1）保持不受侵犯的信心，在危险情况下始终保护委托人的秘密。

（2）尽管存在条款（1），但当一名律师理性地认为公开信息可以阻止会致死的或者导致重大人身伤害的犯罪行为时，可以一定程度地披露与委托人相关的可信信息，但不是强制性的。

有趣的是，要注意到上述修改过的条款仍旧不允许律师公开委托人对财产或环境迫近的危害行为。并且还要注意到该条款只适用于加利福尼亚州。其他州可能会，也可能不会处理这个问题。

历史上，客户隐私的维护一直是律师的最大职责之一。某种程度上，这项社会责任源于罗马法，通过普通法和立法宣传推行。加利福尼亚商业和专业法案的第 6068（E）部分规定律师有维护委托人的信心不被动摇的义务，无论出于何种危险状态，必须保护客户机密。唯一例外的是“犯罪欺诈”。这意味着律师没有任何特权允许或协助他人犯罪、预谋犯罪或者欺诈。许多司法和伦理委员会明确表示，律师有责任保护客户过去罪行的机密性，同时，也有责任秘密公开客户预谋的犯罪和欺诈行为，2004 年后甚至将其列入重大人身伤害或死亡的行为。

这显然是一个极端的案例，但同时也帮助阐述了律师和环境专业人士工作重点的区别，后者的首要任务是保护公众健康。

6.9.3　建议措施

这起案例中，答案是显而易见的，但是手头的问题是当你最大限度地减少对你或者你公司的不利影响时，如何确保公众健康受到保护。该产权的预期使用情况并不具体。由于没有确凿证据证明污染，你必须提出强有力的理由预测污染的严重程度，该严重程度有可能会由在此地进行的二期现场评估（比如土壤采样等）发现。在过去的 30 年中，出现了大量的 CERCLA 修复场地，你认为有大量数据显示此地存在污染物，并显示了这些污染物的来源、化学成分、地点和毒性。你必须尽最大努力通过查找旧记录、采访前雇员，找出工厂的具体操作流程，并按照 ASTME 1527-00 具体执行一期环境现场评估（ESA）。你的报告中同时应包括成堆的照片和其他残留证据。

假设你已完成了上述工作，紧接着你需要向律师说明情况。你必须从专业角度向他解释清楚这份报告是在没有进行采样的情况下，对场地污染情况的最佳评估报告。你认为应进一步研究场地污染的影响，包括健康风险评估。并且根据未来使用计划，调整补救措施。你有呈递场地污染状况的最佳评估的义务。现真正需要的是充分的修复调查和可行性的研究。买方一定要了解这些问题。由于时间仓促，你无法改变报告中的事实，但是如果时间和资金允许，你至少可以列出具体的补救措施。

与环境专业人士保护公众健康的首要责任同等重要的是，必须呈递一份全面客观的评价和解释。缺少任何一个内容都将违反伦理价值观。由于你没有场地受污染的确凿证据，你的结论是通过借鉴其他地区的结果得来的，那么承认你关于实际污染可能性的结论，以及为得到初步调查结果进一步进行阶段性土壤采样，以便继续调查都是合理的。

但是要避免调查者使用污染理论的倾向。陈述应该多一些确定性，少一些推测。因此，如果律师质疑类似“综上所述”等的具体措辞，那么应认真考虑你是否在没有确凿证据的情况下对自己的结论过于自信并不违反道德。这并不是建议你淡化报告中的证据，而是说使用像潜在和可能性一类的推测性的词语要比未经证实的积极的陈述更加可信。

6.10 专家必须平衡客户保密协议和受影响的医疗需求

6.10.1 困境

你是一名环境专业人士，拥有一家专门从事室内空气质量的私人开业的店。一天，当地的一家保险公司 GTCO 的后勤经理请你对公司五楼餐厅的水入侵问题做一个评估。经检验，似乎是水槽的排水堵塞引起水泄漏到地砖下的餐厅里。同时，水正好泄漏到水槽后那堵将餐厅和行政办公室隔开的墙壁里。没有信息显示这个问题存在了多长时间。它被发现，是因为行政办公室的书架被移开，暴露出生长在连接墙上的霉菌。你的初步调查被安排在正常下班后，GTCO 的办公室空着的时候，你被警告不要与公司员工讨论你的调查结果或者任何发现。你调查发现在餐厅的地板砖下、下一层的天花板里以及连接墙里都生长着有毒的霉菌。你向后勤经理提供了一份详细的修整计划。

修整工作是在随后的周末进行的，GTCO 的办公室同样空着。修整期间，应对受影响的区域进行适当隔离和通风，这样霉菌孢子便不能通过建筑物的加热、通风和空调系统传播。你亲自监督修整工作以及后期的清除测试，测试结果显示该建筑物中的霉菌水平与不存在问题的建筑一致。修整工作完成后，外部法律顾问与你联系，指示你要对整个项目严格保密。你确信保密纯粹是一种预防措施，以减少对员工行为的可能的影响。

六周后，几名保险公司员工的代理律师联系你说他们正患有严重的真菌感染。这名律师了解到你曾经测试过建筑物的霉菌水平，要求看你的调查结果。你解释说当被问及涉及客户的任何案件时，你不对律师的要求提供任何评论。这名律师督促你重新考虑，他说，一些员工病得很严重，医生需要知道他们接触过什么才能更有效地进行治疗。你应该如何做？

6.10.2　讨论

这件案例中的法律情况是明确的。你已经同 GTCO 公司签订了一份合同，同意严格保密。你最初对公司员工雇佣的律师的回答是恰当的。你不了解事情进展，也不应该对具体情况做出反应。该情况下，采取这种方式是正确的，并展现出强烈的专业精神，但是现在的情况是，律师告诉你有几名员工患有严重疾病（假设可能会致命）。尽管环境专业人士的首要责任是保护公众，但是像其他责任一样，必须权衡，不应该将其作为不当行为的借口。你不了解来电者，这也是你首次获悉这些患严重疾病的情况。这些病患可能是一个可耻的诡计，以获得你的同情。这种情况下不贸然行动是非常重要的。谨慎小心很有必要。花点时间思考形势，避免本能做出反应。

6.10.3　建议措施

作为这件案例中的一名咨询顾问，你拥有你的客户 GTCO 公司对你的信任。你的保密承诺必须在最大可能下得到尊重。应该尽快咨询 GTCO 公司的外部法律顾问代表。向该法律顾问说明公司员工律师给你的电话的具体内容。询问是否有雇员向公司报告患病，并且如果有，公司是如何解决这一问题的。你并不了解公司员工律师是在何种情况下知道你是这一案例的环境咨询顾问。因此，询问关于测试期间公司员工暴露于何种霉菌的数据是否已被提供给主治医生或者是其他第三方的行为是恰当的。

向 GTCO 公司的法律顾问请教，这种情况下，你该如何继续提供专家援助，尤其是如果公司员工律师再次联系你，你该如何回答。你必须克制自己提供医疗咨询。然而，你可以提供对测试数据的说明。由于霉菌孢子无处不在，你应该说明为评价霉菌是否在室内生长，需比较室内和室外孢子浓度，而且霉菌浓度是动态变化的，你的测试结果仅反映当时的情况。同时，应该说明霉菌生长的可能原因以及修整期间采取的限制霉菌孢子扩散的措施。此外，你可以提供律师要求的与暴露和修整相关的其他任何信息。根据 GTCO 公司和其受影响的雇员之间关系的紧张程度，该公司可能会也可能不会提供给你关于员工患病的具体细节。仅知道这一消息就足够了。假设你满意该公司已经恰当地处理了这一情况，那么你也完成了你的道德义务。

在这起案例中，你用你的专业知识来确定霉菌起因、暴露程度、修整方案以及为防止建筑物内霉菌孢子进一步扩散应采取的预防措施，完成保护公众健康的专业和道德义务。在修整工作开始前受霉菌暴露影响的雇员已经咨询过医学专家，并受到相应治疗。治疗的具体细节不是你该关心的，同时也不应关心公司对员工患病做出赔偿的义务。然而，如果在你看来，GTCO 的后勤经理没有公正处理这件事情，那么你有道德义务将你的担心报告给该公司更高一级的领导。如果你是咨询公司的一员，你可以请求你公司的律师给 GTCO 公司管理层的一名合适的成员写一封信。但是你拥有一家独立的咨询公司，如果你没有从 GTCO 公司得到他们已经公正处理上述事件的满意答复，可以考虑对同一名高层管理人员写一封挂号信。然而，需要注意的是，如果你在没有征得保险公司允许的情况下，决定向公司员工律师提供调查的具体细节，你自己和你所经营的咨询公司可能会面临违反合约的法律诉讼。保险公司有你的报告，并且员工的代理律师可以传唤它。

6.11　公司面临利益集团凭借虚伪抗议进行的福利勒索

6.11.1　困境

你是 Wouldbee 石油有限公司（WPI）的环境、健康和安全（EH&S）总监，该公司的炼油厂位于美国的一座主要大都市附近。WPI 公司是新成立的，最近收购了一家连续几年处于挣扎在亏损经营模式，其后被其前经营者关停的小炼油厂的所有权。你所在的公司购买厂房，聘请专家评估工厂的现有业务以及未来成品油的市场，并得出结论，随着数亿美元的初始投资，由于成品油的需求增加，该工厂可能会在未来几年获取高额利润。需要克服的主要障碍是前业主不适当的维护（归因于不稳定的财务状况）导致的炼油厂排放不健康物质的坏名声。作为 EH&S 总监，你同 EPA、州和地方机构以及城市管理者协商，以获得必要的空气许可证，包括环境影响报告书和有条件使用许可证的审批。

该炼油厂将被普遍视为当地社区的就业福音，为附近居民提供了超过 1000 个工作，其中有许多人曾在过去的炼油厂工作。当地城市官员也表示支持。然而，尽管存在这样的支持，一批自称为当地环境电阻（LER）的原告的代理律师仍坚决反对炼油厂重新开放，继续申请禁止令，并对监管违规行为索赔。该小组几次均没能成功起诉 WPI 公司和监管机构。每次法院判决 LER 失败，几天之内它会再次起诉。

有一天，LER 的首席律师邀你在城市的偏远地区共进午餐，讨论上述情况，他提出，如果 WPI 公司对 LER 的福利基金做出显著贡献，并为其成员提供免费的医疗服务，LER 将撤回其对炼油厂的反对。你被警告说“本次会面从来没有发生过”，并且任何启动必须来自 WPI 公司。你把这份邀请提交给 WPI 的高级管理人员，他们召开会议进行讨论。你服务的公司一方面正在面临着敲诈，另一方面面临着数以百万计的可疑投资。你该怎么处理？

6.11.2　讨论

对这一困境需要进行认真思考和讨论。没有简单或明显的答案。一方面，一年多来 WPI 已经在项目中投入了数百万美元，雇用了 100 名技术和后勤人员，进行商情分析，并着手进行流程设计的改动。整个过程，政府机构一直保持消息灵通，并表示支持。赞助商进行该项目的关键是经济。在另一方面，在不违法的前提下，向 LER 付钱是不道德的，即便提议可能被作为庭外解决处理。一位同事关心的是向 LER 付钱可能才是该组织额外索取的持续压力的开端。问题是，没有任何证据表明，LER 要求了这种回报。如果回报暴露，WPI 有可能被投资者指控有不当行为。如果提议被忽视，已经超过一百万美元的法律费用将有可能持续上升。并且如果 LER 在未来成功获得限制令，对该项目的影响将是毁灭性的。最后需要考虑的问题是显而易见的：如果 WPI 公司决定退出该项目，会发生什么事情？虽然需要进一步调查以确定细节，但是 WPI 公司的控制者预估，现有的工艺设备和必要的“棕色地带”修整后的房地产的价值将可以使 WPI 公司接近收支平衡。

6.11.3　建议措施

WPI 公司的选择概括为以下几条：

1）拒绝提议并继续该项目，但在法庭上保持良好的判断，直到 LER 最终被法院强迫停止；

2）拒绝提议并停止该项目，抛售设备、补救产权、以及出售房产或以其他用途开发它；

3）接受提议并采取任何可用措施，以确保 LER 不能食言，并采取预防措施，避免可能的欺骗。

你会选择哪个选项？有没有另一种选择？

接受 LER 的提议，并商议一个金钱解决办法，使该组织悄悄离去，但第三个选项违背了诚信、尊重和责任的伦理价值。WPI 会一直担心被发现。如果 LER 同意发表公开声明撤回起诉，以换取一定的好处，那么该选项可能会更容易接受。这份声明将有助于阐明，这是当地社区的经济和就业利益中最佳的。考虑到监管机构认为所提出的设计变更将消除有异议的环境影响，从商业角度来看，炼油厂将被视作城镇的整体利益。

如果 LER 不愿以低廉的价格接受公开和公众的安排，那么应当公开它的反对意见，并征求当地商人和公民团体的支持以反驳 LER 的反对。这与上述第一个选项相符。这种方法的主要缺点是，它可能会使外来投资者失去信心。事实上，如果可能，正在进行的诉讼也会使发行股票或债券等变得艰难。或者如果有一家大型投资实体看到了潜在的利润，愿意资助该项目，那么诉讼会成为开展业务的另一种成本。鉴于 WPI 公司过去在法庭上的成功，投资者很可能认为 LER 的指控最终会被驳回或被宣告无效。

最后，如果没有投资者出现，并且 WPI 公司出售投资证券的努力也不成功，或者以前所有者的恶劣环境表现已经导致居民对任何炼油企业失去信任，那么停止该项目将会成为一种公民美德，特别是如果目前投入的资金可与出售设备和房地产获得的资金平衡。

虽然诱人的是，新项目所具有的潜在的矫正环境后果的价值能报复其对手，但这种做法是不道德的、危险的。因此，假设该炼油厂的利润非常可观，并对当地社区有益，道德的做法是使公开 LER 的提议。如果继续该项目对所有利益相关者来说是正确的事情，那么法院应确保司法正义得到伸张。但是，如果该项目在当地居民心目中有高潜在风险，那么“正确的做法”是停止该项目，并接受该厂的设备和房地产的固有价值。

6.12 工厂经理在没有拿到适当许可证的情况下安装排放控制设备

6.12.1 困境

你是 ABC 公司的环保事务总监，该公司是一家重要的制造业公司，在美国建有 27 家工厂，并在其他国家建有 5 家工厂。在你任职期间，你在整个公司制定了强有力的合规政策，包括 ISO 14001 认证和其持续改进的理念。你在 ABC 公司的员工，对各个工厂进行例行访问以审核其个别方案的合规性。在对内布拉斯加州一家大型工厂的例行审计期间，你的员工汇报说，在过去的两年里，该工厂安装了两个布袋除尘器和一个二氧化硫（SO_2）洗涤器。已经对三个控制系统进行源测试，并对其进行连续监测，显示符合预期效果。然而，审计人员发现，三个新系统均没有国家要求的许可证或包含在工厂的联邦第五号许可内，该许可也是必需的。在你亲自参观工厂期间，你对工厂管理层的计划和设备技术性能的详细信息印象深刻，以至于你没有理由怀疑存在这种类型的允许偏差。你甚至向公司董事会汇报了该厂的成绩，并对工厂经理进行嘉奖。你想知道上述尴尬的局面是如何发生的？关于这一局面应该做些什么？

6.12.2 讨论

这一困境是基于一种频繁出现的实际情况，该情况涉及一名过分热心的环保经理。你联系 ABC 公司的工厂环境经理，要求其对疏忽做出解释。他的回答如下：

根据我的计算，我发现我们先前的控制装置—干燥气旋设备—不能按照规定要求去除颗粒物和二氧化硫。结果是，我们不合规。总公司显然没有意识到这一点。我还担心汞的排放量。在持续改进的 ISO 精神的鼓舞下，我说服厂长安装必要的新的控制装置。由于许可问题会引起机构对这种情况的注意，我们避免了未提交许可申请的问题。我们与机构核查人员建立了良好关系，保持监测数据最新，并且很少，如果有的话，超出我们的限制。我们是城市最大的雇主，并与当地社区有很大的公共关系。

有人可能会将这种困境分类为"枪打出头鸟。"尽管设备技术合规，环境和公众健康得到保护，但是没有许可证的情况下，操作控制设备显然是违法的。

6.12.3　建议措施

建议解决这个疏忽的措施是自我报告。根据工厂与当地机构官员的关系，无论是该厂负责人或公司律师应立即与适当的机构官员取得联系。重要的是正面处理这一情况，阐明新的控制设备的优点。虽然这件案例必须符合 ISO 14001 标准，但是如果工厂有一个出色的合规记录，应该强调这一点。为了鼓励自我报告，多数机构应显著减少对这类侵权行为的罚款。如果该工厂确实拥有杰出的环保记录，机构应该愿意与公司合作，减轻处罚，并解除随之而来的尴尬。

尽管该厂工作人员的初衷是良好的，但必须因为这次违规对其做出警告。你应与所有参与人员开会确定具体是谁做出逃避许可的决策。环境经理肯定了解这种不符，或者知道更多。他的责任是确保随后有完善的监管程序。你应该被告知，以便你可以说服工厂经理遵循必要的审批流程，或者如果有必要的话，向最高管理层报告这种不一致。当然，适当的措施应该是在一开始提议安装控制装置时就该去机构，解释需要加快许可证的批准。所有的参与人员，包括工厂的环境经理，应该受到批评，但是确保要考虑他们以前的表现和他们在这种情况下的意图。

6.13　咨询公司以高于初级工作人员的价格向委托人收取费用

6.13.1　困境

你是清洁环境公司（CEI）的一名高级环境顾问，该公司有许多办事处和员工。你有许多特殊的技术技能和执照，这些让你对公司特别有价值。CEI 公司的管理层对其监管者施加压力，使其保持高支付能力。几年来与 CEI 公司广泛合作的客户，在目前的经济气候下正举步维艰，并已经停止使用外部顾问。贵公司已经为你分配了其他计费工作。然而，你意识到这项工作简单并且常规，可以由一个初级项目助理轻易完成。你上交考勤卡，并按照你为客户提供高级顾问服务的时间收费。你担心客户受到初级工作人员的不公平收费。在一次私人谈话里，你跟你的上司简提及了你的担心。简的回答是，她只是保护你免于被裁员以及项目预算可以支付你的工资，因为她发现了一些可以用于该项目的现存模型。这可以为原来的预算提案保存重要的新的模范劳动力。尽管这是一份补偿费合同，简认为只要估计总额不超出，她可以使用预算资金支付员工。简的行为是道德的吗？

6.13.2 讨论

由于质疑这种行为的道德性，你建议通过降低日常管理费用的开支和利润来保持对委托人的合理收费。Jan 争辩说即便使用了初级项目助理，那个人必须努力和接受训练，而你已经知道程序。客户关于这个额外培训的开销也是一个推动力。你认为不应该为培训初级人员向客户收费，因为其已经被告知工作将由有经验的人员完成。谈话结束时，简说她受到管理层的压力要使 CEI 公司保持支付能力，另外，她要保住自己的工作，通过它维持自己的支付能力。

这是多年来许多环境顾问面对的一个难题，并由于世界经济正在经历的业务下滑，现在可能已经成为一个普遍问题。在这种情况下，道德价值观的风险是诚信和责任。诚信意味着诚实。错误地向客户收取费用是不诚实的。A&WMA 道德规范的第七条承诺为："在履行我所有的工作职责和责任时要诚实、客观和勤奋。"责任要求你分辨这种情况并采取措施改正它。

6.13.3 建议措施

建议采取的措施是安排一次与简的会面，建议她告诉客户已经选定你执行指定任务，因为你的经验和机会让你熟悉这个项目，这样你可以执行一些其他任务。她应该说明选用你代替一名初级人员做这个项目的附加值。通常情况下，一个项目会有一些一开始没有考虑到的需要执行的任务，因此不在预算范围内。简应该向客户表明，她可以通过使用现存的模拟结果节省项目资金。结果是，她现在可以利用你的专业资质和项目经验来执行不曾预料到的任务，因为你现在对该项目有一个好的理解。她应该进一步说明，客户将在不超过预算的情况下，得到所有这些额外的服务。建议通过这种诚实的方式，她会得到客户的尊重，从而获得未来的业务。仔细观察她的反应，并尽力使她接受这个建议。鼓励她采取任何她觉得会帮助销售计划的技巧。

如果简不赞同你的想法，你就建议你和她一起去找她的经理，复核这项建议。当为客户工作时，对你遇到的问题保持警惕，以便你可以解决它。当已经为项目做出预算，并且你发现低于预算没有超支，你应该将这部分超出的钱用于一些建设性的目的，而不是让它被退回。这是诚实的，并且会对双方有益。

6.14　公司为采购官员提供乡村俱乐部会员的资格证

6.14.1　困境

你是环境咨询无限公司（ECU）一个 50 人办公室的经理，该公司是一家区域环境咨询公司。贵公司的一个前客户，也就是 Widgets-R-Us（WRU）公司正计划在你的区域内建立一家新的制造工厂。过去，WRU 曾聘请贵公司从事区域外的工作。ECU 的企业营销人员发现 WRU 建立新工厂的意图，并意识到几家公司将会为许可和排放控制的设计制造合同而竞争。你已经对 WRU 公司的提案申请做出回复。WRU 公司的未来工厂管理人布莱恩，被指定为设计、许可以及建设新工厂的项目经理，他来到贵公司所在的城镇进行考察。你见了他，并且和他交流。你将布莱恩介绍给当地的机构，并向他概述了住房机会、民间组织和当地休闲项目等。你知道你的一些竞争对手也特别关注布莱恩。你公司的营销经理告诉你，有两个竞争对手也一直在争取 WRU 公司，并会在报价上和你认真较劲。

在与企业营销人员的战略会议上，你集思广益以寻找可以采取的策略，以便为 ECU 公司在竞争中提供优势。你知道布莱恩是一个热衷于高尔夫的人，他看中了一家乡村俱乐部，并且你是这家俱乐部的会员。你提议为布莱恩提供一个免费会员的资格，考虑到会有其他客户的管理人员来到这个区域，如果布莱恩是会员的话，他们也可能加入。你建议 ECU 公司给乡村俱乐部的经理打电话，表明 ECU 将会捐款以帮助支付布莱恩免费会员的费用。ECU 的营销人员认可了这项安排。提案提交后，三家竞争公司都受邀采访 WRU 公司以做出最终选择。在面试中，你向布莱恩提到，城镇期待 WRU 公司的驻入，并将免费会员的计划告知他。布莱恩的反应是，“这是一件好事。”你说：“我期待和你打高尔夫球。”这一行为在伦理上可以被接受吗？

6.14.2　讨论

首先，明白 ECU 公司没有要求特殊考虑。无论 WRU 选择哪家公司，高尔夫俱乐部的会员资格会是一种促进。因此，这个你所在的乡村俱乐部的免费会员资格会不会被认为是一种贿赂？贿赂被定义为给一个处于权威位置或身居要职的人提供一些东西，以诱导其做出不符合其立场的行为。采取这些措施让布莱恩感觉欢迎是否似乎足以让布莱恩违反他在 WRU 公司的立场？

另一方面，既然你是告知布莱恩此项安排的人，ECU 公司很可能会获得一些好处。如果提议仅仅是为促进未来的和谐工作关系，为什么提议没有被阻止直到合同通过？很明显，未来会有更多咨询工作的机会。同布莱恩的密切关系将有利于 ECU 公司获取未来的工作。

举个例子，这个提议是否不同于家具店的促销打折？是的，它不同。乡村俱乐部会员资格不是作为客户公司提供给 WRU 的。它是提供给 WRU 公司的一名员工，并且对公司没有明显的益处。另外，它是在竞争公司之一的 ECU 的要求下提供的。这同用折扣作为奖励来刺激消费者购买一件商品不一样，本来他或她可能不会考虑这件商品。所以，在这次竞争中 ECU 公司的行为是道德的吗？

6.14.3 建议措施

在假想的情况下，ECU 公司已经采取行动，那么现在必须判断其道德的可接受性。当你在战略会议上同意免费会员资格的安排，道德问题应该被放在前面解决。布莱恩在 WRU 公司身居要职。你正在为布莱恩个人提供一些好处，但你的营销人员希望这些好处在选择过程中具有影响力。明智的举措是一个不将乡村俱乐部会员资格作为选择你的公司的筹码。显然这将是不道德的。在这种情况下，如果你的公司被选择，并且会员资格的交易顺利进行，竞争对手可能会发现，并且进一步抗议合同的签署。如果 WRU 高层管理人员了解了这件事情，会使布莱恩尴尬。

从伦理学的角度看，对即将就任的工厂管理人员的特殊安排——即便不能将其作为承诺同 ECU 公司签订合同的筹码，但它是否会为贵公司创造一个不公平的优势？该会议上提出了免费会员资格的想法，这显然是召开战略会议的目的，以提高 ECU 的竞争优势。不将这个特权和竞争结果捆绑的话，竞争对手将很难对 ECU 的合同的通过产生抗议。但毫无疑问的是，布莱恩会认出提出这一想法并为他安排免费会员资格的人。出于这个原因，一个 ECU 代表私下安排这种类型的客户利益是不道德的。

6.15 员工注意到不诚实使用公司资源的同事

6.15.1 困境

你是一名助理环境工程师，最近加入了工业产品用品公司（IPI），该公司是一家大型制造企业，在全美均建有工厂。你和另一位员工比尔共用一个办公室，同时，你还和他一起完成同一个上级分配的任务。你很快发现比尔抓住机会欺骗公司，在你们第一次一起在一家郊区的工厂执行现场任务时，你了解到比尔谎称里程，即使当时他和你一起驾驶。他还吹嘘，通过拿到一张空白收据和填写一个更高价格，他提高了汽车旅馆房间的账单。此外，你还发现上班时间他花大量时间玩电脑游戏或只是无所事事地浏览网页。在另一次一起执行的现场任务中，他提到将他的考勤表和休闲费用填补进费用报告中。当你就他的行为问他时，这些行为包括将办公用品带回家，他的回答是没有人会关心这些，并且公司也不会发现。当你暗示他的行为是偷窃时，他回答说："得了吧，成熟一点，每个人都是这样。"

比尔和蔼可亲，对任何场合似乎都有应对的笑话。在同你的主管杰西进行的会议中，比尔经常说话，看起来聪明并且知识渊博。很明显，杰西喜欢比尔。杰西是否曾经询问过比尔关于他的考勤表或报销账单超出行为，你不了解。

你开始接触另一名同事罗杰，他来自公司的另一个部门，你们每周玩两次手球。一天，你们谈话的主题是办公室同事。罗杰说，他和比尔同时加入公司，并简单讨论过他们之前的工作。你了解到比尔几乎每年会换一次工作，并且他在你们公司待了差不多两年了。你觉得与罗杰亲近到可以进行机密的讨论，在讨论中你提及了比尔的欺骗。罗杰在生产部，执行严格的 40 小时/周的工作制度。他说他曾经听说外场员工虚报账单，但是他从来没有多想。"我不想揭发那些家伙。揭发者会被大家鄙视。如果我是你，我会不管他，让制度去发现他。毕竟，杰西在他的账单上签了字。由于杰西没有抓住他，如果你将这件事情报告给上级，它会使你的老板很难看。"

6.15.2　讨论

当你向朋友或者同事诉说这一困境时，反应多种多样，从"什么也不要做，这和你没关系，而且承担它风险太大了"到"你必须告诉公司，因为那个人像癌症一样，最终会影响到全体员工。"都有。作者建议你继续往下读之前，考虑自己的反应。

通常情况下，人们不会故意欺骗公司。但机会的出现会测试一个人诚实与否。如果账单报销的欺骗可以接受，那么，如果客户要求工程师捏造测试数据以通过机构要求时，该如何解决？你可以看到这可能会导致的后果。

在另一方面，如果你将比尔的欺骗行为报告给主管，你向老板告密的事情很可能会不胫而走。如果对比尔进行纪律处分，他和其他同事可能会把你看作一个搬弄是非的人，办公室的关系可能变得很恶劣。那么现在的问题不是比尔，而是你。欺骗行为不值得你把自己变成一个揭发者。不过，你确实有一定的责任，保证你的公司和客户不受欺骗。

作为环境专业人士，你的首要任务是保护公众健康，忠于你的公司或客户，以及体谅你的亲人。这起案例中涉及的价值观是诚信、尊重、责任、公平与关怀。诚信包含忠诚、诚实和可靠，以及有勇气做正确的事。责任包含你应该做什么，并对自己的选择负责。尊重是遵守下列黄金准则：对待别人，像你希望他们对待你的方式那样。如果你是杰西，你会不会想知道是怎么回事？公平是遵守游戏规则，不利用他人，以及不随便责备他人。这就是为什么我们不能随便怪罪。关爱包含善良、富有同情心、宽恕别人以及帮助有需要的人。你能帮助比尔回到正轨，并使其认识到任何级别的欺骗都是错的吗？

6.15.3 建议措施

在决定做任何事之前，找一个你信任的人秘密讨论这个问题。决定采取何种行动之前得到反馈是非常重要的。你倾诉的人可能不会同意你的决定，可以探究这个人的理由，看看是否与自己的一致或者有冲突。

你的倾诉对象可能会建议你先去找适当的主管人员（假设这个人不是你的老板杰西），要求私人办公室或重新安排办公室同事。如果你必须提供一个更换办公室的理由，解释说同比尔在一个房间里，你很难将注意力集中在你的任务上，但避免提及比尔的欺骗行为。

现在，重要的是：处理同事的不道德行为时不搬弄是非。其他多数困境可被有德者直接处理，并且不会牵涉他人。在下一次小组会议或与你老板杰西的私人会议中，建议你所在的团队开始职业道德培训。你可以从小处着手，例如，每月进行一次棕色食品袋研讨会。向杰西说明有许多出版物和职业道德条款，可以向小组成员提供，并将它们作为研讨会的讨论主题。如果这种方法有效，经过几次研讨会后，介绍这一困境，并与全组讨论它。它可以帮助比尔端正态度。在这篇文章中比尔可能永远都不会认清自己。

6.16 危险废物被意外送至城市垃圾填埋场

6.16.1 困境

你是特殊化学品公司（SCI）的环境管理人员，SCI贵公司的特殊化学品大多属于危险类型，并且所有用过的化学品均被妥善包装、密封，并被送到有执照的特定地方处理。在你开始休假之前，你将一桶危险废物妥善标记和密封，将其存储在“危险废物堆积”区，并安排经过认证的运输和处置公司—危险品运输公司（HTC），在你离开后把它带走。但是，当你休假回来后向HTC公司询问这桶危险废物的处理事宜时，被告知因不知何故犯了个错误，它被送到了垃圾填埋场。你该做什么？

6.16.2　讨论

在一些工厂中，日常工作是处理有害物质，并且为确保工人安全制定了规范程序和进行了培训，但结果是工厂员工对有毒化学品和废物的处理持散漫态度。如果 SCI 的工厂经理戴夫知道了这个问题，但他认为“事情已经发生，垃圾填埋场的人不可能会注意到桶上的标签和纠正错误”，你是不认可这种看法的。如果你无法说服戴夫报告这一事件，那么就应该采取补救措施，将问题上报给他或她的上司，也有可能是公司的代理律师。

最后，回顾以下伦理行为的六大支柱性特征，这个案例中主要特征是负责——保护公众健康，强调这种看似散漫的态度非常明显，并且可能导致严重事故，甚至会致人死亡，将抵制散漫态度写入面向所有人的正式备忘录中，鼓励进一步的关注和评论。向工厂经理和公司的代理律师解释你在以一种非恶意的方式关注公众健康，并鼓励他们接受你的方法。采取必要行动以防止上述事件再次发生，这类行动也应该到他们的支持。同时，诚信也涉及其中，以保持对该情况做出诚实的评价。希望你处理这个问题的直接方法是你性格的反应，并获得大家对你管理的尊重。正义和公平是调查危险废物被错放原因时应该考虑的因素，并且是你对导致这一不幸事件发生的人（们）进行劝导时所遵循的原则。关怀与公民美德和公民权是采取措施时的重点考虑因素，采取行动保护公众以及将该事件报告给当地政府机构符合这两个重要特征。

6.16.3　建议措施

首先，你必须通知贵公司的管理层，包括戴夫和其他部门负责人。然后，你必须通知市政垃圾填埋场和搬运工，试图找到你的垃圾被卸载的地方。你必须详细描述容器和内容物，以便寻找废弃物。如果合适的话，应该提供嗅探工具，以便检测任何可能没有包装的原料废物。总之，你必须尽一切可能防止危险废物被释放，它可能会影响到公众健康。你应请求垃圾填埋厂管理人员做出正式回应，确定该物质是否被卸载到该处，并已对其做了什么处置。为配合这项工作，你必须向当地的危险废物管理机构报告此事，并接受来自该机构的进一步指示，这是应急处置的部分内容。

如果即便危险废物的错运已被证实，消除了你心中的疑问，但戴夫和高级员工仍不愿正确处理这件事情，那么你应该将它报告给上上级，让他们进行彻底的调查，以了解事件的起因，并准备一份关于该事件的正式报告，包括所有可用的证明文件。然后将复印件提供给戴夫和他的顶头上司（们），公司的代理律师，以及其他责任方，比如下令收集垃圾的运输人员。假设公司管理层对你的改正措施（如上所述）做出积极回应，你必须确定在运输危险废物过程中，谁没有尽职尽责完成好自己的工作任务，并建议对负责人（们）进行纪律处分。这对你的同事可能是个教训，但可以使他们明白确保妥善处置危险废物的重要性。

6.17 告知人群暴露风险水平但不要引发恐慌

6.17.1 困境

你是联邦电力（CE）公司的电力设施公关人员（PIO）。2002 年，政府部门宣布禁止在冷却塔使用含铬化合物，你所在工厂按要求停止了这种做法。防治有毒大气污染物文件要求①报告有毒污染气体排放量；②如果空气中有毒物质排放量高于某个阈值，需进行健康风险评估，以及③如果周边居民的健康风险超过一定水平，需要告知他们。2002 年之前，冷却塔中含铬化合物的排放是这家工厂的主要健康风险。由于项目进行缓慢，2001 年，CE 公司现在需要通知大约 10000 户附近居民，这些居民被暴露在百万分之十最高可达至百万分之一百八十七的患癌风险之中。当地大气污染防治机构表示，按照法律规定已过追索期限。但这件事情必须被报告，在“告居民风险提示书”可以表明今后不再使用铬，随之风险会显著减少的事实。CE 公司的环保部门表示，不使用铬时，只有 1000 户家庭会超过百万分之十的阈值，并且最大个人暴露风险是百万分之三十七。另外，你也被告知，近期的排放测试数据表明，可能免除 CE 公司今后对健康风险的进一步告知。你会如何写这封信？并考虑这个问题，那就是患癌症的实际风险或对癌症的恐惧，哪个更大？

6.17.2 讨论

上述困境，相比于保护公众健康，更多的是平稳过渡新出台的正式文件。如果当地卫生部门测算的癌症发生率，一直没有超出可接受的范围，那么这次引发公众关注的行动可能会导致不良影响。因为停止使用含铬化合物已减少了暴露水平，报告之前的测试数据并不会有多大实质性作用。有时，当地政府机构工作人员采用当前标准规范答复问询者时，不会告知标准的适用限制条件。如果告诉当地居民目前不会出现明显的环境健康风险，很明显在说谎。在极少数情况下，说谎可能是正确的事情，例如，当一位杀手在追杀一位潜在受害人，向你询问潜在受害人往哪个方向跑了的情况。

虽然可能偏离上述困境的主要议题，你应该向企业环保倡议组织提及此事，并试图使美国环保署（EPA）改变这项政策对联邦电力（CE）公司所造成的工作不便。如果不成功，可以把你的请求提交当地国会办公室，看看那里的工作人员是否可以被说服向美国环保署（EPA）请求通融这一要求。

所有这一切都是说，作为一名电力设施公关人员（PIO），如果不得不给10000 个家庭写信，建议套用如下措辞。如果你有更喜欢的措辞，可将它拿出来与同事讨论。

6.17.3　建议措施

这封信的内容应如下：按照国家文件通知要求，我们将这封信寄给你。自1990 年以来，美国环保署调查了大量空气污染物对健康的影响，发现有些污染物对暴露于其中的个人有潜在不良健康影响，其中之一含铬化合物。过去含铬化合物用在我们的冷却塔中，以提高其性能。但是，当 CE 公司得知美国环保署发现含铬化合物有毒，立即停止使用它（2002 年）。自那时以来，政府部门已经制定了控制有毒污染物规章制度，要求通知 CE 公司附近的居民，他们已经受到了大于百万分之十的患癌风险。目前在你所在的患癌风险百万分之十的区域中，据我们的电厂官方估计接近 1000 个家庭。然而，最新测试结果显示，这个估计数值已经很高，并且很快我们工厂将不会增加患癌症的风险。在现阶段，官方报告此领域的最大风险是百万分之三十七。根据国家有关政策要求，我们需要通知十年前暴露其中的居民，那时公司仍然使用含铬化合物。当时，你所在区域来自我们电厂排放的暴露率，超过百万分之十患癌风险的家庭约 10000 家，最大风险是百万分之一百八十七。

请明白，本次风险评估是非常保守的。例如，它们的测算假设一个人连续30 年每天 24 小时待在家中。请充分认真领会此通知，如果你有任何疑问，请联系我们（电话号码和电子邮件地址）。

6.18　环保执法人员的困惑：严格执法会不会导致工厂关闭

6.18.1　困境

你是产业单一的小镇上的环保执法检查人员，有 20 年的野外工作经验，也是这个只有五名工作人员的分支机构的领导。你发现墨菲魔术（MM）工厂存在明显的违规行为，该工厂也是镇上的主要雇主。你通过教会和俱乐部与这家工厂的许多工人熟识，并且你知道 MM 工厂正遭遇财政困难。这个城镇的人口大约为 5000 人，多年来，废弃化学品均存放在厂房内的垃圾填埋场，但不是由你所在部门批准的。如果不是偶然地在俱乐部的一次对话中听到此事，你可能从来就不知道有这一非法垃圾填埋场。你知道对这种违规行为的罚款，肯定会迫使工厂关闭，也会为政府留下要清理的残留污染，并会导致800名工人失业。

该工厂老板康拉德·皮克来找你，请求在你将违规行为上报给政府部门之前，给他一周时间来处理这种情况。在这次会面一个星期后，康拉德收到违规处罚费用和进行必要清理工作的通知。他提出，如果你不报告这一违规行为，他将会实施清理计划。他已经筹措了资金，并相信在不久的将来，MM工厂的产品线会有一个大订单。

你是有家室的人，三个孩子正在上高中和大学。你单位的薪酬在这个小镇上算比较高，已经为孩子们的教育存了一些钱。如果工厂被关闭，你觉得你会被要求负责一直监督其关闭，然后被提拔到邻近城市的重点办公室。

你想做正确的事情。要采取怎样的行动？

6.18.2 讨论

这一难题是关于大城市外小镇上的一名资深公务员，面临如何做出对邻居们造成严重影响的执法决定。

这显然是不能独自处理的困境。你是承诺对政府负责的，不报告可能会导致你立即被解雇。而另一方面，小镇上的人们是你的朋友，并且你很关心他们，但你从来没想到过一个垃圾填埋场的存在。在你偶然了解到有毒废物之前，它从来不是问题。只有你们当地办事处的五个人知道这个问题，并且你得到他们的承诺，不透露任何信息。你还没有告诉家人，尽管他们想知道你为什么晚上失眠。

6.18.3 建议措施

作为政府部门的值得信赖的员工，你有责任将你的发现报告给政府部门负责人玛丽·希尔。你同她商量一个解决办法，该办法在将来可以保护公众健康，并可能避免工厂被关闭。你介绍了你对小镇财政和居民情况的了解，这是在做出决定之前需要考虑的许多因素。事实上，该工厂是小镇的主要雇主，改正措施的问题必须由玛丽和康拉德·皮克之间进行讨论。如果工厂的垃圾填埋场引起潜在的解雇人数过多，处理违规行为有可能会成为联邦政府方面的问题，并且需要同美国环保署（EPA）协商。如果还有合理的备选方案，没有人会希望工厂被关闭。但是，保护公众健康的责任是第一位的。在这种情况下，公平、公正和关怀的价值观是最重要的，同等重要的还有公民道德和公民意识。

如果可能的话，评估违规引起的对公众健康的危害程度，以及确定补救措施的成本影响将是必要的。如果必须改装或更换设备以符合未来的法规，那么必须评估这些措施的成本以及决定资助他们手段。你应该用你的专业知识来帮助识别问题和应采取的可能改正措施。你也应该确定违规的原因以及具体是谁的过错，是不是工厂的员工和管理层认识不足的问题？抑或是政府部门没有告知MM工厂超级基金法规？你有没有得到充分的培训，以发现这样的违规行为？为什么不纠正它？有必要建立检测程序以确定垃圾填埋场的有毒化学品，并确定地下水是否受到影响，所有这些信息将被提供给可以采取法律手段以确定纪律处分的听证委员会。

无论你在最近发现之前是否了解这个垃圾填埋场，均有责任对它进行管辖。你必须执行上述任务，而且还应尽你所能获得州和联邦法律专家的支持，帮助MM工厂渡过这个难关。你应该与康拉德·皮克一起会见当地国会办公室，尝试努力减少罚款，并获得联邦超级基金计划的支持，最重要的是帮助清理垃圾填埋场，以及控制任何可能会威胁到水供应的危险废物。

最后，你应该花时间询问一下你认识的该工厂员工，了解这一严重事件为何从未被报道，并且为什么你从来没有发现过它。

6.19　电视台记者被迫制造当地工业企业的“爆炸性新闻”

6.19.1　困境

比尔是一名地方电视台的新闻记者，被分配去报道P-Chem公司2号油田的1000加仑漏油事件，该公司是一家当地化学处理厂。比尔和他的摄制组一起到达，并由P-Chem公司的工厂经理现场接待。这次泄漏正被清理，并且事件似乎已经得到控制。然而，仍有一些死鱼、油质残渣桶和被油浸泡过的鸽子。在比尔准备离开的时候，他的上司格雷塔用电视转播车上的电话打给他，询问事情进展，比尔告诉格雷塔确实没有什么可供报道。她勃然大怒，命令他不要离开，直到他为6点档新闻获取一些关于该公司的“爆炸性新闻”，并进一步指出：“据我所知，这家公司一直名声不好，你最好不要让他们毫发无损地逃脱”。比尔应该如何处理？

6.19.2　讨论

本案中的难题，是关于电视台记者是否可以罔顾事实，虚构一个耸人听闻的故事。新闻报道更多地变成一种创造性艺术，而不是对全球和当地事件的客观报道，每个电视网似乎都需要在政治问题上站边。新闻界过去常说：“所有的新闻都适合报道”，现在更像：“我们报道所有的新闻”——选择性报道。在写本书的时候，通信传媒巨头鲁珀特·默多克正因为非法侵犯隐私而受到调查，他通过无线网获取私人通信。这个有关漏油的故事是媒体大亨态度的一个例子，他们需要大肆渲染问题以“制造”新闻。

媒体如何影响环境问题的另一个例子是在全球气候变暖方面，无论它是不是人为的，从道德的角度来看，很难评估赞成或反对哪个诚实。每一方都选择性地陈述了真实信息和支撑数据，但往往没有对双方的争论进行诚实评估。每次舆论热点或爆点新闻，都为引进专家意见以支持特定舆论创造了新的机遇。这一困境带来了环保记者如实报道环境事件的责任问题。

在这种情况下，记者应深入考虑如何处理上司关于获得 P-Chem 公司爆炸性新闻的要求，在做决定时，让我们先来看看符合伦理要求的有关支柱性特征。从诚信方面，这名记者应该对此次漏油事件做出完整和真实的报道。进一步采访 P-Chem 公司员工，以了解关于漏油如何发生的更多细节。目标应该是完整报道出现的错误，以便教育公众将来需要做什么才能避免出现类似问题。记者必须忠诚于他的雇主和报纸，但这一点也不是没有限制的。忠诚是个相对概念，某人无权以特殊关系的名义牺牲另一个人的道德原则。事实上，当维护他们之间的关系付出如此高的代价时，格雷塔违背了她所宣称的忠诚。忠诚的伦理价值观，并不能表明违反其他道德价值观是容许的，如诚信、公平和诚实等。

尊重是另一个应该遵守的伦理价值观。记者应该尊重他的上司，也应该尊重 P-Chem 公司的人，但“获得一些关于该公司的爆炸性新闻”不是尊重。责任感、公正和公平以及关怀，是记者做出处理决定前，要考虑的其他道德价值观。

6.19.3 建议措施

比尔在离开现场前必须重新考虑有关决定。格雷塔可能需要一个爆炸性新闻使她的新闻传播工作获得认可，或者格雷塔可能认为，P-Chem 公司过去在环保方面做的确实不到位。这一漏油事件应该被报道，并且包含在现场的政府监管机构也应该被报道。比尔需要采访政府机构的工作人员，确定这次事件的危害程度和对公众健康的威胁。如果泄漏事故被正确报道并采取达到各方满意的补救措施，那么必要找出泄漏如何发生，以及这次事故本来是否可以避免。此外，他还应该采访 P-Chem 公司的员工和管理人员，知晓他们打算什么改正措施，或至少计划整改完成时间，以及会采取哪些纪律处分来追究责任。也应该向现场的政府机构核查人员，询问以前的环保违规行为。过去有多少次违规行为，是否被列入政府机构的黑名单？当收集完所有这些信息，为 6 点档新闻准备的故事可以被尽可能准确和诚实地报道。根据他在这方面的调查结果，可能需要政府机构搜寻对于这家公司的历史表现记录。但在任何情况下，都不应该为追求有趣的新闻，做出非法行为。

6.20　新的研究数据对行业协会与环保署的协议形成冲击

6.20.1　困境

乔治是华盛顿著名的行业协会大型制造商协会（LMA）的研究主任。LMA主要负责对设备尺寸和性能制定行业标准，当政府机构出台影响LMA行业成员的规定时，会经常作为游说人员来游说政府机构。如果现有监管政策导致协会成员不必要的成本和风险，协会将资助研究开发和促进改变那些令人不安的规定。你刚刚完成了这样一个修订饮用水苄基致癌物（ABC）污染标准的三年期项目。根据你提交给美国环保署的数据，你将说服政府机构放松你所在行业的标准。按照新标准意味着你之前35%的设备也不必关闭，可以保证就业和减少市政供水区域的处理成本。在对新修订的标准征求意见期，一个在荷兰的同事要求乔治对苄基致癌物（ABC）进行国际化同行评审。这项研究似乎最终证明苄基致癌物（ABC）如果存在于饮用水中，是导致膀胱癌的主要原因，结果会打击新出来的标准（没有别的意思）。他该如何着手？

6.20.2　讨论

乔治收到的国际研究信息是真正值得立即引起注意的。但是，需要他的研究人员进行一个非常彻底的审查。LMA为期三年完成的研究项目，是说服环保局接受并将其作为调控变化的基础，我们很难相信患癌症的风险被忽略。这些规则变化基本上是固定的，尽管是国际研究报告得出的结论，但对接受其结论还有一些犹豫。你需要对国际研究结论进行仔细检查，并且对实验方法进行审查和评估。促使这项研究的问题是什么？患癌症的风险不是可以在短期基础上进行测量的。受影响人群的选择也很重要，例如，如果测试群体人口分布增加一个更老与更年轻的年龄组，这可以改变发现结果。国际测试的细节可能不在该报告中呈现，没有被考虑在内。

6.20.3　建议措施

显然地，乔治必须采取一些行动，最重要的是不要惊慌，并获得该协会其他工作人员的帮助。他的主要责任是保护公众健康，负责任的做法是获得LMA高层管理人员和其他行业委员会的支持，必须准备好支付对国际数据中苄基致癌物的健康影响的评估费用。虽然对协会成员将是令人心情不快的新闻，富有同情心的做法是不要告知他们，直到国际研究发现被确认或否定。要尊重他在荷兰的朋友，不要试图掩盖国际调查结果，而是进行彻底评估。在许多情况下，为支撑研究者的观点，这项研究的优点和缺点可能已被评估，这可能对于 LMA 自己的研究数据也是如此。

乔治一定要把他接到的“提示”信息在协会内部提到尽可能高的高度，并针对这个问题成立专案小组。该小组决定由谁负责和如何接近起草这一发现结论的国际机构，一定不要试图独自处理这种情况，应该接受他朋友的提议成为同行评审员，以便他可以获得研究细节。你虽然是团队的带头人，但最合适的是由 LMA 的另一名成员来与国际集团接触。

乔治必须尊重国际参与者以及他们的数据和分析。通常在这种情况下，该活动会充满对抗意味。由于该行业中 35% 的设施将被关闭，这将无法避免地引发敌对情绪。因此，将问题局限在你和专案小组之中传播直到一些澄清证据成立，将是至关重要的。此情此景，一些杰出的和令人尊敬的专家应该被纳入专家组，LMA 需要考虑为这些专家支付合理费用。

最后，乔治一旦完成了评估评价，他必须对结果进行妥善处理。如果他的团队发现结果与国际调查结果存在大量分歧，他应该向协会成员传达，并决定由谁和怎样与国际组织接触，这是公正和公平的事情。他们显然是不舒服的，但乔治必须恭恭敬敬地帮助他们，如果可能的话，需要接受你对数据的评估。同样的方式，如果 LMA 的研究结果是错误的，而国际数据是正确的，而且之前研究没有注意到这方面问题的话，协会必须面对如何控制苄基致癌物（ABC）排放以保护公众健康的问题。

这种情形的任何结果均是重要性事件，并构成敌对关系。在心中坚守伦理的六大支柱特征是很重要的。诚信要求真实和诚实地对待数据，必须保证真实，而且是全部真实。尊重需要拒绝任何敌对之意，并理解对方研究者是有能力的。责任需要以专业的方式处理问题，与那些有需要的人保持联系。正义和公平要求 LMA 客观地评估和分析国际数据，以及愿意接受自己研究中的任何缺陷。最后，关爱意味着意识到 LMA 的努力将会对许多同行业工人造成影响，并试图避免在媒体上长期高调发布信息。

6.21　咨询顾问是否可以对客户进行“有奖举报”

6.21.1　困境

你是一个独立环境审计顾问，正在执行对 PGH 制造工厂 A 的环境审计。作为一个审计员，你掌握了该工厂持续违法排污有可能造成严重危害公众健康、安全和环境的潜在证据。这些非法排放行为从未向监管机构报告过。此外，由于排放可能对饮用水造成影响，必须根据国家规定进行报告。你已经书面报告过你的客户 PGH 公司的工厂经理，他拒绝报告或者披露法律要求的情况。你充分认识到这适用于国家规定的“有奖举报”相关条款，并且确信国家将会对 PGH 采取严厉的惩罚措施。如果将这一违法违规事件报告给国家机构，并成功地起诉 PGH，法院将处以巨额罚款，你也会收到与罚款成一定比例的举报奖励。你应该举报这个事吗？你怎么处理？

6.21.2　讨论

当环境专业咨询人士发现违法违规排污行为并报告给客户，如果客户拒绝向政府部门汇报，环境专业咨询师可以采取什么行动？为了保护公众健康的利益，报告排放情况，立即停产，并将剩余部分进行修复是非常重要的。作为非常关注公共健康的环境顾问，在这种情况下你能怎么做？该困境是指根据有关法律规定，个人这种违法事件报告给国家机构，将按照处罚额度给予一定比例的奖励，称之为“有奖举报”。

从你劝告 PGH 公司关注违法排污已经过去三个月了，你提交了详细报告，公司也支付了你的服务费用。但从那时起，你不受工厂待见，也不知道公司最近有何动态。你觉得你有保护公众免受违规排放造成的潜在威胁上的道义方面的责任。你咨询了环境律师并告知其你的选择，包括“有奖举报”的规定。

你的律师会告诉你，如果你选择“有奖举报”的做法，你将不得不改变你的职业。今后没有人会雇用你或没有任何公司聘请你作为顾问。可能在极少数情况下，可以采取“有奖举报”的做法。但是你应该知道，实际情况中，有奖举报者很少享受到任何实际利益。按照国家有关规定和保护公众健康职责，这种情况显然是必须要报告的。公司必须立即停止排放，并启动修复机制。不过，为获得举报奖励向政府机构举报这件事，这是不推荐的解决方案。

为了进一步审视这种情况，必须深入考虑符合伦理的有关支柱性特征。诚信要求你要诚实和守信，必须保证真实，而且是全部真实，你有义务报告发现的违规排放行为。尊重需要考虑所有利益相关者，包括普通民众和工厂员工。追求“有奖举报”才报告此情况是一种自私行为，只能作为最后的手段。如果奖励很大，这更是一种自私行为。你有责任报告情况以保障公众健康，但可采取的最负责任的行动是说服客户自行报告。

6.21.3　建议措施

作为一个独立环境顾问，你应该向你的律师详细报告相关情况。他应该给 PGH 高层领导——驻点 CEO 写一封挂号信，包括违规行为完整记录报告的复印件。如果你在一家咨询公司工作，应与你咨询公司主管讨论你发现的问题，然后将信息报告到你公司的最高层。如果你公司有法律办公室，也应该进行咨询。

管理团队应该决定如何进行合作推进，应给你公司中与客户公司高层关系很近的人安排一个会议，在会上这种情形按照法律要求进行披露，PGH 律师应该被邀请参加会议。

你的律师应向 PGH 公司解释自行报告的好处，部分 PGH 公司人员认为政府机构没有检查到的任何信息应该消除。同时，违规排放的污染物会影响饮用水的理由也应提交。关于“有奖举报”规定的问题，不应该被提及，任何不熟悉这方面内容的律师是不可能参与的。我们的目标是立即停止违规排放，并启动修复机制。

6.22 环保组织抗议海上垃圾焚烧

6.22.1 困境

你是海上船舶“火山”号环保官员，该船被设计用来安全地焚烧医院和感染性废物。许可证要求“火山”号只能按照规定的航道行驶，并严格限制了“火山”号进入或离开港口时间。在一次外出行程中，你发现船只被由“绿袖”成员操作的小船包围，“绿袖”是一个强大和精明的民间环保组织。民间环保组织“绿袖”通过扩音器宣告，他们打算不惜任何代价封锁“火山”号船舶的前行。在它们之间辗转腾挪而不激怒这些抗议者将是很难的一件事。从他们周围绕道行驶需要离开规定航道，也可能会冒着“火山”号意外触礁风险，留在原地意味着超出了许可证规定的工作时限。尽管有环保组织“绿袖”阻止，船长想要开足马力前进。你该怎么处理?

6.22.2 讨论

偶尔也会存在环境专业人士与环保组织之间的敌对关系，虽然往往这两种行为的目标是一致的，但他们所采取的方式方法并不总是相包容，这里就是两派进行激烈交锋的情况。

环保组织“绿袖”采取封锁船只的行动来表明对海上垃圾焚烧的抗议，是个令人震惊的举动，这类事情对于环境专业人士也可能是比较罕见的情形。船长准备全速前进，你只能劝他按照关于焚烧时间和效率的有关规章制度来处理。但作为一个参与船舶的操作人员，你有权说出你的意见。大船应避免碰撞“绿袖”驾驶的小艇，但是，如果这些小艇直接挡在你的前面，被撞翻将是不可避免的。

6.22.3　建议措施

因此，你必须呼叫港务局，要求巡逻艇和直升机援助，并在政府部门到来之前，请教有关如何与小艇打交道的经验做法。你怀疑“绿袖”已经惊动媒体，想要将这渲染成对海上焚烧的重大示威活动。你们的船舶必须缓慢前进，以至于不会偏离通道，机长不应开足马力以防止更严重的冲突。如有可能的话，船上的甲板水手应有救生衣和浮标可以扔到船外，万一有小艇被撞翻应该迅速扔进水里。示威者可能有点过分，但也必须防止他们溺水。你们的运营是合法的，政府部门应采取必要行动以阻止这种抗议行动，并对示威者进行严肃处理。

6.23　只有当警察在的时候，车速才保持在规定的 55 英里/小时以下

6.23.1　困境

你作为一个重要客户的私人顾问正在对排污设施进行审计，通过与工厂人员交谈和检查生产记录的过程中，你了解该工厂运营负荷大幅超过了许可证的限制，造成超过允许排放量高达 50~75% 的污染物。你知道工厂管理层是有意在此模式下运行，但是，当你提交正式审计报告时，该工厂就许可范围内运行。你怎么处理？

6.23.2　讨论

有些时候，环境检测顾问会被工厂运营商欺骗了，检测时工厂在最大允许运行条件下运营，但在其他时间，超出许可证限制进行运营。环境检测顾问有责任做出此决定和报告吗？

这是一个可以在这个行业容易找到的典型道德情形。大家都知道空气污染会影响公众健康，然而，人们并没有看到空气污染的后果。作为一名私人顾问，你没有法律监管责任。在另一方面，工厂管理层通过超过其允许的生产速度进行欺骗。如果在城里的每个工厂超过其允许排放量的 50%~75%，将对公众健康和福祉产生显著影响。由于客户管理层已经知晓这个安排，如果你叫其注意这是违规行为，其反应可能会是“那又怎样？你上一次高速公路只开 55 英里/小时是在什么时候？让他警察来抓我们吧”。他们可能会要求你的审计报告不许提到超高的生产速率，因为客户“不想有书面记录”。

一些环境顾问可能会遂客户所愿，认为如果就算被政府机构发现了，这也是工厂经理的问题，顾问他或她的责任是确保经理知道违规的严重后果。在这里，责任制和问责制的问题均有涉及。格言“恶魔得逞的所有必需条件，是好

人什么事情都不做”很适合于这里，必须采取一些行动来纠正这种情况。另外，还有一些涉及诚信，即诚实、正直和信守承诺的问题。在为客户公司执行审计时，顾问承诺查明缺陷以便及时校正。发起审计程序这一公司政策是经公司董事会授权（如果不是由他们发起的），用于确保合规性的手段。没有报告此情况是对真实原则的违反，当政府机构终于得知这种做法，并采取法律行动，工厂经理可能会失去工作，顾问也因没发现该问题而被曝光。那么，应该怎样做?

6.23.3 建议措施

首先，认识到这种情况属于道德困境，并且不要试图独自解决这个问题。不要匆忙给客户公司承诺，向你的咨询公司高层介绍这种情形。如果你是个独立顾问，与同事讨论此种情况。

然后，用关爱的美德来客观地审视可替代的解决方案，并设法尽量减少影响。如果政府机构获悉这一违规做法，让高级顾问给工厂经理解释工厂将涉及的严重影响，包括按照清洁空气法案的巨额罚款，甚至可能导致工厂关闭。向V型许可程序解释，可能需要进行连续排放监测，讨论让工厂继续在高生产速度下不增加排放的可能控制措施。把这一信息包括在审计报告中，在适当的时候，将该报告的副本发给客户的企业高管和企业法律顾问。审计报告的措辞应考虑周全而不能含沙射影。本着关爱的美德，接受客户法律工作人员对于部分字词的修改建议不是不道德，只要不篡改已经很明确的观点和清楚的事实就可以。

6.24 政府机构中有偏见的职员阻止了一个新项目

6.24.1. 困境

你是国家环保机构的高级主管，刚刚被分配到协调一起正在进行中的案子。目前，此案处于听证会前夕，它涉及有关焚烧炉需要获得 NPDES 许可或其他许可来向大湖泊排放废水。你查看了焚烧炉对鱼类和野生动物造成影响的有关证词，证词表明其会对本地鱼类种群造成不可逆转的损害。你对这个结论表示怀疑，并联系了提供证词的人。这位鱼类和野生动物专家说：“嗯，使用焚烧炉是一个坏主意，每个人都应该提倡回收。对鱼类造成影响是唯一你和我能阻止这种现象的借口”。一个星期之后，你的专家将站在证人席上，书面证词已经提交。你该怎么处理?考虑政府机构责任、你自己、申请人和公众健康。

6.24.2 讨论

偶尔，环境专业人士跟政府雇员均相信尽最大努力来减少污染这是他或她的使命，即使意味着超越了当前法律法规的有关规定，因为无论怎么强调安全健康都是不为过的。在本困境中，我们就遇到这样的好管闲事者。

本困境提供的信息表明，必须假设，政府机构确定焚烧炉不存在空气排放环境污染问题，除了可能会对鱼类生存造成潜在影响外。显然，这位工作人员捏造了就如你质问的“不可逆损害”影响。他的解释与具体项目无关，他反对任何形式的垃圾焚烧。作为一个值得信赖、尊重和负责的公务员，你不应该让心血来潮的职员来阻止项目上马。你可能需要对该职员表示关爱之情，明白他好的意图。然而，提出该项目主要是为了公众利益，并依据国家污染物排放消除系统（NPDES）标准正式批准立项。

6.24.3　建议措施

除非该职员可以向你和其他工作人员证明有关损害具体的证据，否则你应该撤回书面证词，并取消预定的作证安排。对该职员将如何处理，取决于你对他工作能力和工作态度评价。他犯了很严重的误判，应该好好提醒他。政府机构主管和执行人员非常强调他们工作的重要性。建议偶尔召开伦理研讨会来讨论这些问题，从而避免类似的尴尬境地。

6.25　为发展当地经济，审批人员未严格执行 NSR 规则

6.25.1　困境

你是一个县级政府机构的空气污染控制官（APCO）。你知道目前“新污染源审查（NSR）规则”，限制了位于城市下风向的农村地区的经济增长。因为受到大城市工业污染物的迁移输送影响，农村区域被归类为“重度不达标区域”。如果该区域没有工业存在，它很可能仍然被分类严重未达标。

你被警告说你所在政府机构一个许可工程师，没有严格执行“新污染源审查规则”。允许该区域公司收购其他公司，合并他们潜在的允许排放指标，甚至允许在物理空间上将几个公司连在一起。你约见了你所在政府机构的总工程师，她认为该地区失业率很高，深受经济放缓之苦，而这很小的让步是帮助当地人们的一种合理方法。你也敢肯定此人没有以任何方式收受贿赂。同时你也知道，环保署区域审计员两个月后将开展年度审计。你该怎么处理?

6.25.2　讨论

这种困境特别有趣，因为不是个假设情况，而是真实发生。与之前的困境不同，该政府机构的人员主管武断地提高了允许排放量，以帮助正遭受经济状

况不佳的小镇发展工业。

有时候，规则可能会无意地和不公平地对局部区域造成影响。你单位负责许可的工程师是位充满爱心的女士，是久负盛名的公立学校毕业生，目前还单身。当你由于工作原因与她面谈时，重新审视了她的工作态度。她的行为虽然不是自私的，但是是不恰当的。

你敏锐地意识到在下风向区域的复杂管理问题。当你了解 NSR 规则的基础依据，你怀疑美国环保署监管者在定义 NSR 规则时，并没考虑到可能存在的例外，目前这个女人的同情心已迫使你重新深入考虑。

6.25.3 建议措施

首先，你必须与你所在政府机构的总工程师，有可能的话可以与单位全体工作人员坐下来，说明有关情况。你应该考虑将这一情况反映给国家机构或地方环保局（或同等）办公室。如果对可能违反 V 型法规条款感到担忧，必须与美国环保总署沟通联系。最好是获得市政府官员的支持，如果可能，甚至可包括当地州议会代表或联邦国会议员。在全体会议上，你得向全体工作人员解释一下两部联邦法规之间的矛盾，让他们提出任何可能的建议，鼓励建设性的讨论。可以这么说，这不是真正的伦理困境，但做正确的事可能很难，也不应草草行事，敷衍塞责。

术　语

A&WMA：空气与废物管理协会

AACSB：国际高等商学院协会

ABET：工程技术评审委员会

Anthropocentrism：人类中心主义。假定环境的存在是为人类服务，一种以人为中心的观点

API：美国石油协会

ARCS：企业可持续发展研究联盟

Bait and switch：诱导转向法。在项目申报方案中表现得很专业，而在项目实施中使用并不合格的替代品

BEE：商业道德无处不在

Benefits monetization process：评估行动获益的经济价值

Benzene emission credits：苯排放交易额度。苯排放减少低于规定容许水平，为了产生能在市场上销售的信用额度

Biocentrism：生物中心主义。将生物世界放在地球的中心，关注生命的内在价值

Biodiversity/biological diversity：生物多样性。描述地球上各种各样的生命或给定物种生命形式的变异程度

Biophysical view：生物物理学观点。认为生命系统会在各层次不断交换能量和信息的观点

BOP：金字塔底部

Bosons：玻色子。最近发现的亚原子粒子

CAFE：公司平均燃料经济性

Carbon share：碳份额。满足人类对产品或服务需要相关碳的数量

CBD：生物多样性公约

CEQA：加利福尼亚州环境质量法

CERCLA：综合环境反应、补偿与债务法案

Cheating：欺骗。通过误导来实现目标，如漂绿、撒谎

CITES：濒危野生动植物种国际贸易公约

Classification of goods in economics：从经济角度区分货物。货物是竞争性（一个消费限制另一个使用）或非竞争性（可以由许多人在同一时间享受）、排他性（只有买方享有）或非排他性（向所有人开放）、私有（可分配财产权利）或公开（没有产权，典型的非竞争性和非排他性）

CLP holdings：中电控股有限公司

CMS：保护野生动物迁徙物种公约

Collusion：隐形或非法合伙欺骗别人

Command and control：命令控制型。规定的指令，通常从权力高层向下流动

Commodity：商品。可以满足需要或希望的市场化物品，大多数环境商品都是公共的，并非市场化的商品，如珠穆朗玛峰的迷人风景

Contingent valuation method：条件价值评估法。评估非市场商品价值的方法，如对环境产品使用的调查

Controls（pollution）：污染控制。减少污染的设备或操作实践

Core ethical values：核心伦理价值观。约瑟夫森定义的核心价值观——诚信、责任、尊重、关爱、正义和公平、公民道德和公民权

Corporate image：公司理念。利益相关者提出的公司理念

Corporate manslaughter：公司过失杀人罪

Cost - benefit analysis：成本效益分析。系统地估计一个行为相当于货币价值的成本和收益

CSI：创造社会影响

CSR：企业社会责任

CSV：创造共享价值

DJSI：道琼斯可持续发展指数

Downside risk：下跌风险。某事件或行动可能导致的潜在损失

Ecological economics：生态经济学。阐释生态系统和经济之间的关系，处理好保护自然资本的学说

Ecosystem：生态系统。相互依赖依存的生物体和非生物元素组成的群体

Ecosystem service：生态服务。自然生态系统提供的资源和过程

EIR：环境影响报告

EIS：环境影响评价

Emission hot spots：排放热点。排放水平高的局部地区

Emissions fees：排污费。通常是政府根据每排污单位收取的费用

Enlightened self-interest：开明自利论。意识到他人利益的价值，因为它对自身长远利益必不可少

Environmental advocacy：环保宣传。展示自然和环境问题信息，鼓励对环境敏感的态度

Environmental economics：环境经济学。处理环境政策对经济影响的学说

Environmental ethics：环境伦理学。根据斯坦福百科哲学全书："环境伦理学是研究人与人的道德关系、价值观和道德地位，以及环境和其他非人类内容的哲学学科"（2012 年 12 月访问如下网址 http：//plato. stanford. edu/entries/ethics-environmental/）

Environmental ethics culture：环境伦理文化。在环境伦理学氛围中组织的特征和行为

Environmental professional：环境专业人士。主要责任是保护公众健康和环境的人

Environmental space：环境领域。环境领域内各个方面

EPA：美国环保署

Equator Principles：赤道原则。项目贷款人承诺的管理社会和环境风险的自愿标准

Equi-marginal principle：等边际原则。实现减排的边际成本应控制在尽可能低的水平

ERC：减排额度

ESG factors：环境、社会和治理因素

Ethical behavior：伦理行为。隐含在其中的是道德责任和定义美德的核心道德价值观，形成哲学基础的道德判断

Ethical conduct：伦理准则。将其编撰成个人和集体行为的准则，其中最低的就是道德义务

Ethical decision making：做出伦理抉择。在没有明确的解决方案时，有能力识别问题和评估后果，寻求不同的意见，自信决定什么是正确的和磨炼意志做出决策过程

Ethical dilemma：伦理困境。涉及在利益相关者中做出产生赢家和输家选择的复杂情况，导致决策者心中与伦理规则产生冲突

Ethical principles：伦理原则。源于判断什么是对或错的价值观和受道德责任驱动的行为准则

Ethical relativism：伦理相对主义。倾向于考虑非主观内容，来代替不需要对

行为做出道德评价的伦理

Ethical values：伦理价值观。直接与信仰有关，关心什么是正确的和适当的，或出于一种道德责任驱动的价值观

Ethically neutral：伦理中性。道德的和不道德的

Excludability：排他性

Exposure，acute and chronic：暴露，急性和慢性。接触某种物质，急性是短期但高水平的暴露接触，慢性是长期而低水平的反复接触

FTSE4Good Index：衡量公司业绩相对于企业责任标准的一组指数

GHG：温室气体是指导致全球变暖的现象的气体。例如，二氧化碳、甲烷

Green washing：漂绿。交流不良，加上对环境绩效虚假的正面沟通

GRI：全球报告倡议

Group think：群体思维。决策群体渴望和谐，超过了评价实际替代方案的思维模式

Hazardous waste：危险废物。被丢弃的有害物质变成危险废物，还包括制成产品过程中剩下的物质

HSWA：危险物和固体废料修正案

IFC：国际金融公司

Initial assignment of property rights：初始排放权配额。在出现有效的解决方案之前，需要分配一个“初始排放权”。例如，排放率水平

IPCC：政府间气候变化专门委员会

IPO：首次公开募股

Is ethics—descriptive ethics：描述伦理学。只描述行为的运行标准——个体或群体如何表现——没有判断对与错的参考标准

IUCN：世界自然保护联盟

Laissez-faire：不干涉主义。没有政府干预的自治经济秩序

LEED：能源与环境设计领先

License to operate：运营许可。来自社区团体允许运营设备的许可

Machiavellianism：马基雅维利主义。愿意尽一切努力实现一个目标

Malthusian：马尔萨斯主义。经济学家西蒙·马尔萨斯的观点

Many to many：很多人到很多人

Market efficiency：市场效率。市场是有效的，货物交易的价格是对交换商品真实价值的无偏估计，错误是随机的

Market externality：市场外部性。成本和收益不通过事务相关联的价格传递

MNC：跨国公司

Moral duty：道德义务。意味着行为是正确的、道德的或适当的

Moral obligation：道德责任。同道德义务

Moral virtue：道德美德。超越道德责任，不是强制的但是让人渴望的东西，如勇敢或慷慨

Multiverse：多重宇宙。多重可能的宇宙

Natural attenuation：自然衰减。由于自然发生的物理、化学和生物过程降低化合物在环境中的数量或浓度

Negative externality：负外部性。指经济交流的价格没有覆盖市场活动的社会成本

NEPA：美国国家环境政策法案——建立全国性环境政策的法规（1969 年）

Net Impact：净影响。不以营利为目的地激励新一代付出自己的事业，来解决世界上最麻烦的社会和环境问题

Next economy：新新经济。下一阶段的经济将由新的商业氛围满足新的社会契约来驱动

NGO：非政府组织

NIMBY（邻避效应）：不要在我的后院

NOAA：美国国家海洋和大气管理局

Nonethical values：非道德价值观。在伦理上中立价值观

Norms of behavior：见伦理规范

NSF：美国国家科学基金会，资助基础科学研究

OECD：经济合作与发展组织

ONE：组织和自然环境

OSHA：美国职业安全与健康管理局

Ought ethics-prescriptive ethics：应当性伦理学-规定性伦理学。涉及建立适用于每个人行为规范法则的启示和承诺；描述人们基于正确和适当的特定价值观和法则，举止行为该如何

Permit transaction：许可事务。与许可相关的文件管理工作

Phase I property assessment：一期产权评估。包括详尽的背景文件检查和现场检查，评定第二期评估的必要性和范围

Pigovian tax：庇古税。市场活动产生负外部性的税

Positive externality：正外部性。从市场活动产生公共利益，但利润率不足导致产品供给不足，需要政府补贴才能避免

Power of largess：慷慨的力量。首先变富，然后才能慷慨

Principled reasoning：有原则的推理。基于伦理原则的推理

Probability/consequence screening matrix：可能性/结果筛选矩阵。以事件概率和后果为两轴的矩阵，可作为筛查工具对风险进行优先排序

R&D：研究与开发

Ramsar：国际重要湿地公约

RCRA：资源保护和恢复法案

REACH：化学品注册、评估、授权和限制

Regulatory agency：监管机构。负责环境监管的政府机构

Reporting facility：被报告的设施。向监管机构报告的运营设施

Resource allocation：资源分配。根据分配规则将总资源分配为各部分

Resource economics：资源经济。关于自然资源生产和使用的经济学

Risk assessment：风向评估。根据评估和排名来识别风险

Risk management：风险管理。评估风险的程度和采取合适的风险减缓措施

ROD：决议

Sarbanes-Oxley Act：萨班斯-奥克斯利法案

SEA：社会和环境影响评估

SEC：证券交易委员会

Self-interest：自利。天然地倾向于促进自身利益

Shareholder primacy：股东至上。与所有主要利益相关者优先相反，只考虑股东的利益

Shareholder value devastation：股东财富削弱。股东财富被破坏或非常显著地降低

Shareholder wealth：股东财富。股东在公司股权的价值

Share price：股价。公司普通股一股的价格

Simon-Ehrlich wager：西蒙-埃尔利希赌约。经济学家朱利安・西蒙和保罗・埃尔利希在1980年进行打赌，十年后即到1990年资源将变得稀缺

Six pillars of character：六大支柱性特征。约瑟夫森定义了道德责任和美德的六大支柱性特征：诚信、责任、尊重、公正和公平、关爱、公民道德和公民权

Social contract：社会契约。以公司和组织作为一方，社会或社区内的利益相关者作为另一方，包含之间的显式的、法律的和默认的合同

Social discount rate：社会折现率。在决策过程中，双方同意的用于折现未来社会成本和效益的比率；成本效益分析框架使用贴现率来比较在不同时间节点获得的成本和效益

Society：社会。因为共同的利益（生活在人口统计学的同一地区）、信仰（宗教、政治或其他原因）或职业（工作的公司或领域），聚集在一起的个人或有组织的协会

Society's willingness to pay：社会支付意愿。愿意分配或支付的社会资源比例

Solovian：索洛学家。经济学家罗伯特・索洛的观点

Spatial distribution：空间分布。如污染物或物种，在空间上的分布特征

Species diversity：物种多样性。测度物种的多样性和丰富性

Species richness：物种丰度。不同物种的数量

Stakeholder：利益相关者。可能受某种行为影响或影响某种行为的有利益关联的实体或群组

Stakeholder primacy：利益相关者至上。所有主要利益相关者的利益得到公正和平等是首要考虑的问题，而不是股东至上

Superfund：超级基金。对 1980 年《综合环境反应、补偿和债务法案》(CERCLA) 的简称，建立清理废弃危险废物场地的美国环境计划，创建对化学和石油工业征税的法律

Sustainable development：可持续发展。既满足现代人需求又不损害后代人满足其需求的能力

Synchronous interactive connectivity：同步交互联系。同时通过数字媒体联系沟通

TEEB：生态系统和生物多样性的经济学

Toxic tort：涉及有毒物质的影响诉讼

Tragedy of the commons：公地悲剧。当个体为自身利益而忽视公共利益时，消耗共享的自然资源而导致的悲剧

Transaction costs：交易成本。市场交换产生的成本，例如法规要求执行的法律实施

TRI：有毒物质排放清单

TSCA：有毒物质控制法案

UNFCC：联合国气候变化框架公约

Upside risk：上调风险。可能是某事件或行为结果的潜在损失

VOSL：统计寿命价值

VOSL years extended method：统计寿命价值年限扩展法。通过统计由于防护行动或管制寿命延长的价值来估计周期

WBCSD：世界企业可持续发展委员会

Whistleblower：揭发者。向主管、监管机构或公众，报告怀疑不道德或非法行为的人

World becoming flat：世界变得扁平。由托马斯·弗里德曼的《世界是平的》一书而流行起来的词汇，意味着所有企业的全球化

附　　录

空气与废物管理协会的伦理准则

(方针手册：8.7 节)

序言：在追求自身职业发展时，环境专家必须发挥他们的技能和知识，提高全人类的健康福祉和环境质量。环境专业人士必须以光荣和合乎道德的方式，值得信任和尊重，以及维护行业尊严。此准则是指导环境专业人士履行对社会、用人单位、客户、同事、下属、专家和他们自己的职责。

服务承诺：作为环境专业人士，我认为我对社会拥有至高无上的荣耀，应努力做到：

1. 行使专业技能，认真追求我认为对人类和环境有积极价值的结果，拒绝应用与我的道德观念相冲突的技能。

2. 对我参与的那些项目，酌情将直接和间接的、当前和长期的公众健康和环境影响，并从行业和政府实践标准，以及当前存在的法律法规等两个方面，告知自己和他人。

3. 遵守所有目前有效的法规、规章和标准。

4. 保持公民的健康、安全和福利是至高无上的，对在职业生涯中遇到的侵犯公共利益行为表示明确反对，酌情按专业标准和现行法律法规处理。

5. 向公众介绍新技术发展、可供他们选择的替代方案以及你所知道的相关内容。

6. 保持掌握最新的专业技能，努力了解时事，以及与工作相关的环境和社会问题。

7. 做到诚实、客观和勤奋，表现在我所有的专业职责和责任中。

8. 准确地为拟议的项目或任务描述我的任职资格条件。

9. 在商业或专业事务中表现得像一个忠实的代理人或受托人，提供符合本准则的其他部分的行动。

10. 根据合同或适用的法律，在雇佣中或之后，为雇主或客户的商务或技术过程信息保密，直到这些信息正确地公开，为客户保密行为符合法律要求以及本准则的其他部分要求。

11. 尽量避免利益冲突和披露那些不可避免的知识。

12. 寻求、接受和提供诚实的专业批评，适当赞扬别人的贡献，从不居功我没有做过的工作。

13. 尊重合作者、同事和合伙人，尊重他们的隐私。

14. 鼓励同事、合作者和下属的专业化成长。

15. 自由自主地报告、发布和传播信息，遵守法律、合理的专有或隐私限制要求，只要这种限制符合本准则的其他要求，不要过度影响公众健康、安全和福利。

16. 任何情况下都要保证环境健康和安全。

17. 鼓励和支持遵守本准则，永不下达可能会导致他人放弃自己职业使命的指令。

图书在版编目（CIP）数据

环境伦理与可持续发展：给环境专业人士的案例集锦／（美）哈尔·塔贝克（Hal Taback），（美）拉姆·拉姆那（Ram Ramanan）著；罗三保，李瑶，杨铃译. —北京：机械工业出版社，2017.6

（国际环境工程先进技术译丛）

书名原文：Environmental Ethics and Sustainability: A Casebook for Environmental Professionals

ISBN 978-7-111-56859-9

Ⅰ.①环…　Ⅱ.①哈…②拉…③罗…④李…⑤杨…　Ⅲ.①环境科学—伦理学—研究　Ⅳ.①882-058

中国版本图书馆 CIP 数据核字（2017）第 110073 号

机械工业出版社（北京市百万庄大街 22 号　邮政编码 100037）

策划编辑：闫洪庆　责任编辑：闫洪庆　责任校对：郑　婕

封面设计：马精明　责任印制：李　昂

三河市宏达印刷有限公司印刷

2017 年 6 月第 1 版第 1 次印刷

169mm × 239mm · 12.75 印张 · 235 千字

标准书号：ISBN 978-7-111-56859-9

定价：65.00 元

凡购本书，如有缺页、倒页、脱页，由本社发行部调换

电话服务	网络服务
服务咨询热线：010-88361066	机 工 官 网：www.cmpbook.com
读者购书热线：010-68326294	机 工 官 博：weibo.com/cmp1952
010-88379203	金 书 网：www.golden-book.com
封面无防伪标均为盗版	教育服务网：www.cmpedu.com